操作エリア

❶ 手順ボックス は、実際の操作をひとつずつ順を追って説明しています。

手順結果 手順の結果は、ひと目でわかるようになっています。手順結果だけでも読み進められます。

補足説明 手順に関する重要な補足説明は、手順と区別できて見やすくなっています。

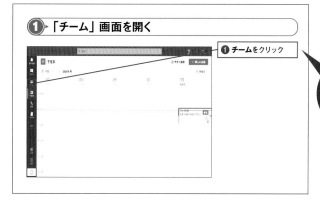

① 「チーム」画面を開く

❶ チームをクリック

複雑な手順でも、ひとつずつ説明

---

③ 「チーム作成」をクリックする

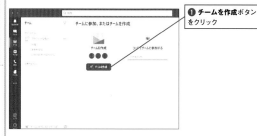

❶ チームを作成ボタンをクリック

④ チーム作成の方法を選択する

❶ 初めからチームを作成するをクリック

⑤ チームの種類を選択する

❶ 作りたいチームの種類に該当するものをクリック

ここではパブリックを選択しています

[チームを作成] ボタンがないとき

画面が切り替わっても [チームを作成] ボタンが表示されない場合があります。そのときは、「チームを作成」の画面にマウスを合わせると [チームを作成] ボタンが表示されます。

21

チームとは

チームを作成画面の下に表示された「チームとはなんですか？」をクリックするとWebブラウザが開いてMicrosoftの解説ページが表示されます。チームとチャネルの違いを知ることができます。

「チームの種類」とは

チームの種類とは「他の社員が、そのチームに参加できるかどうか」を示しています。このページの解説では「パブリック」を選んでいるので、組織内のだれでも参加することができます。

種類	特徴や違い
プライベート	あらかじめ指定した人や招待した人以外はチームに参加することはできません。
パブリック	チーム参加・作成画面からだれでも参加することができます。
組織全体	組織内すべての人が自動的にこのチームに参加します（Teamsの管理者以外しか作成できません）。

コラムエリア

操作に関連することから一歩踏み込んだ事柄までを丁寧に解説しています。

 知っておくと便利な知識や、理解を深めるための詳しい解説をしています。

 解説以外の便利な方法や、少しレベル高い操作などを掲載しています。

 キーボード・ショートカットキーが使えます。

 sectionのポイントとなる部分をわかりやすく解説しています。

 解説しているステップに関連する情報をシンプルに紹介しています。

JN093580

BASIC
MASTER
SERIES **523**

はじめてのMicrosoft 365 Teams

高見 知英

秀和システム

■本書で使用しているパソコンについて

本書では、インターネットやメールを使うことができるパソコンを想定して手順解説をしています。使用している画面やプログラムの内容は、各メーカーの仕様により一部異なる場合があります。各パソコンの固有の機能については、パソコン付属の取扱説明書をご参照ください。

■本書の編集にあたり、下記のソフトウェアを使用いたしました

・Microsoft 365 Teams
・Windows 10 Pro バージョン 2004

本書は著作時に最新の Teams を使用して著作しています。そのため、OS や Teams のバージョンの違いでお使いのパソコンやスマートフォンに表示される画面と紙面上の画面が異なる場合があります。また、お使いの機種の違いによっては、同じ操作をしても画面イメージが異なる場合がありますが、機能や操作に大きな相違はありません。
画面写真の一部に個人情報保護のためボカシ処理を施しています。予めご了承ください。

■注意

(1) 本書は著者が独自に調査した結果を出版したものです。
(2) 本書の内容について万全を期して作成いたしましたが、万一、不備な点や誤り、記載漏れなどお気付きの点がありましたら、出版元まで書面にてご連絡ください。
(3) 本書の内容に関して運用した結果の影響については、上記 (2) 項にかかわらず責任を負いかねます。あらかじめご了承ください。
(4) 本書の全部、または一部について、出版元から文書による許諾を得ずに複製することは禁じられています。
(5) 本書に掲載されているサンプル画像は、手順解説することを主目的としたものです。よって、サンプル画面の内容は、編集部で作成したものであり、全て架空のものでありフィクションです。よって、実在する団体・個人および名称とは何ら関係がありません。
(6) 商標
　　Microsoft、Windows、Windows 10、Microsoft 365 は米国 Microsoft Corporation の米国およびその他の国における商標です。
　　その他、CPU、ソフト名、企業名、サービス名は一般に各メーカー・企業の商標または登録商標です。
　　なお、本文中では ™ および ® マークは明記していません。
　　書籍の中では通称またはその他の名称で表記していることがあります。ご了承ください。

はじめに

　Microsoft Teams は、Microsoft 365 サービスのひとつで、インターネットを介したチーム活動を効率的に行うためのソフトです。

　ビデオ会議、テキストチャット、ファイル管理など、Microsoft Teams には、チーム活動に重要なさまざまな機能を内包しています。

　できることが多く、はじめて使うのに戸惑うこともあるかと思いますが、基本的な使い方はそれほど難しくありません。使い慣れれば簡単に、円滑に、チームでの情報のやりとりを行うことができます。

　本書では、Microsoft Teams をはじめて触れるユーザーでも戸惑わずに扱える使い方を紹介しています。
各 section には最低限のチーム作業に必要な機能を網羅していますが、順番に読み進める必要はありません。知りたいページから読みはじめてみてください。

　本書だけで Microsoft Teams のすべてを知ることはできませんが、Microsoft Teams を使いこなすための、最初の一歩を踏み出すのに必要な、知識を得ることができます。

　これから Microsoft Teams を使い始めるみなさん。Microsoft Teams は、会社での業務効率化、地域のサークル活動、PTA などの非営利組織、様々な分野の活動で利用することができます。

　その可能性を知るきっかけとして、本書がお役に立てればと願っております。

2020 年 11 月

著者

目次

Chapter 1　Microsoft 365とは　　　13

Chapter 2　ビジネスチャットを使う　　　23

Chapter 3　ビデオ会議機能を使う　　　　59

Chapter 4　自分達のチームを作る　91

Chapter 5　オンラインストレージを使う　　111

パソコンの基本操作を確認しよう

　はじめに、お使いのパソコンがどのタイプにあたるか確認してください。機能的に変わりはありませんが、デスクトップ型の場合は「マウス＋キーボード」、ノート型の場合は「タッチパッド＋キーボード」または「ス

ティック＋キーボード」で操作することになります。タブレット型や一部のノート型ではタッチパネルで操作する機種もあります。

マウス操作

マウスポインタ

　画面上の矢印をマウスポインタといいます。マウスやトラックパッドでの指の動きに合わせて、画面上で移動します。

マウス

　軽く握るような感じでマウスの上に手のひらを置き前後左右に動かします。

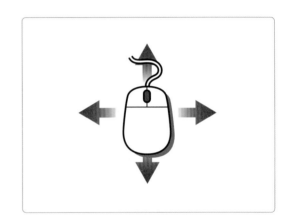

トラックパッド

　マウスポインタを移動させたい方へパッド部分を指でなぞります。タッチパッドともいいます。

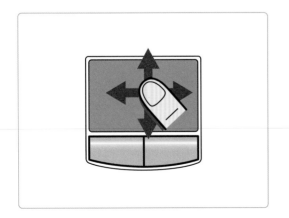

スティック

　こねるようにスティックを押した方へマウスポインタが移動します。

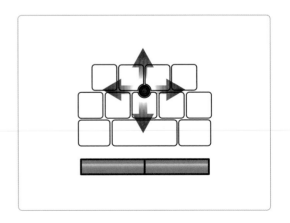

ポイント

目標物の上にマウスポインタをのせることを「ポイント」といいます。

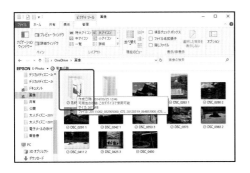

クリック

マウスの左ボタンをカチッと1回押すことを「クリック」といいます。

  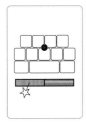

マウス **トラックパッド** **スティック**

ダブルクリック

マウスの左ボタンを素早くカチカチッっと2回押すことを「ダブルクリック」といいます。

マウス **トラックパッド** **スティック**

右クリック

マウスの右ボタンをカチッと1回押すことを「右クリック」といいます。

  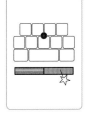

マウス **トラックパッド** **スティック**

ドラッグ

マウスのボタンを押したままの状態でマウスを動かすことを「ドラッグ」といいます。

マウス **トラックパッド** **スティック**

ドラッグ&ドロップ

マウスのボタンを押したままの状態でマウスを動かし、目的の位置でボタンを離すことを「ドラッグ&ドロップ」といいます。

マウス **トラックパッド** **スティック**

ウィンドウの基本操作

ウィンドウ各部の名称

❶**タイトルバー**
ウィンドウの名称が表示され、ドラッグするとウィンドウを移動できます。

❷**最小化**
ウィンドウをデスクトップから隠します。再表示したいときはタスクバーのアイコンをクリックします。

❸**最大化**
ウィンドウをデスクトップ全体に広げます。

❹**閉じる**
ウィンドウを閉じます。

❺**スクロールバー**
ウィンドウの内容が収まり切らないときに、ドラッグして表示範囲をずらします。

❻**ウィンドウの枠**
ドラッグしてウィンドウのサイズを変更します。

ウィンドウの最大化表示

最大化したウィンドウはデスクトップ一杯に広がります

元に戻す（縮小）をクリックすると元のサイズに戻ります

複数のウィンドウの切り替え

裏にあるウィンドウのどこかをクリックすると、最前面に表示できます

タスクバーのアイコンをクリックしてウィンドウを切り換えることもできます

Microsoft 365とは

「Microsoft Teams」を使い始める前に、Teamsを使うための契約、Microsoft 365やチャットツールについて簡単に説明しておきましょう。Microsoftからは、現在WordやExcelなどのOfficeソフトの他に共同作業を支援するさまざまなインターネットサービスが提供されています。この中の1つが、これから紹介するソフトである「Microsoft Teams」です。まずは、TeamsとMicrosoft 365の関係、そしてチャットツールの利点と特徴について学んでいきましょう。

チャットツールが必要とされる理由と今までのツールとの違い

チャットツールって何だ?

LEVEL ●─○─○─○─○

キーワード
- ☐ チャット
- ☐ メール
- ☐ リモートワーク

テレワークの促進により、今まででとは異なる仕事の仕方を求められるようになった方も多いと思います。テレワークの実施にあたり、今まででオフィスで行ってきたことを、どうやってインターネット越しに行うかが課題になります。テレワークで社内連絡を行う方法やチャットツールの存在意義について確認していきましょう。

チャットツールのなりたち

▶ テレワークで必要とされること

2020年の新型コロナウィルスの影響をきっかけに、オフィスで仕事をせず、インターネット上を介して仕事をする、いわゆるテレワーク(「リモートワーク」とも呼ばれています。以下はテレワークで統一します)の必要性が高まりました。

テレワークを中心とした業務を行う場合、今までオフィスで何の気なしに行ってきた「報告・連絡・相談」を、いかに円滑に行うかということが重要になります。

▶ メールの難点

今まで社内での連絡のためにメールを使っていたという方もいらっしゃると思います。しかし、メールは社内の連絡も社外向けのやりとりも一緒くたになってしまうため、しばらく使っているとどれが社内の連絡なのかが分かりにくくなってしまいます。

また、社内の連絡と社外向けのやりとりを同じメールでやってしまうと、社内の重要な情報を誤って社外に送ってしまうなどという、誤送信による「情報漏えい」が起こる危険もあります。

チャットツールの登場

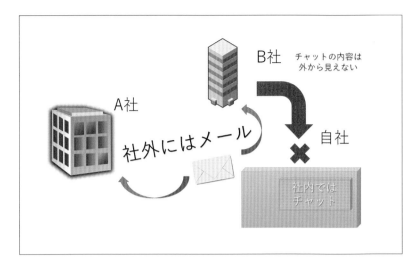

このため登場したのが、主に社内での連絡を行うための、チャット（英語でおしゃべり・雑談という意味）を行うためのソフトです。これらのソフトは、インターネット上に専用の領域を設け、そこを通じてあらかじめ許可した人たちだけの対話環境をつくります。この会話は許可していない人にのぞき見られることはありません。

宛先を毎回入力することもなく、いつでも昔の会話を振りかえることもできるため、日常的な連絡の他にも、重要な情報の記録などに用いることもできます。

いろいろなチャットツール

現在主に会社向けに提供されているチャットソフトとしては、

・chatwork

・slack

・kibera

・Microsoft Teams

・LINE WORKS

などがあります。

それぞれに特徴があり、「インターネットブラウザ上で全ての操作ができるもの」、「チャットのやりとりだけに特化したもの」、「チャット以外にもさまざまな社内情報の集積が行えるようにしたもの」など、さまざまなものがあります。

その中で、本書で紹介する「Microsoft Teams」は、チャットやビデオ会議の他、ファイルの管理、議事録の管理などの機能を集積したツールです。

Microsoft のサブスクリプションサービスでできること

Microsoft 365 とは

ここでは「Microsoft 365」について知っていきましょう。Microsoft 365とは、Microsoft Teamsを使用するために必要な「Microsoftのサブスクリプションサービス」です。どんな仕組みのもので、どんなプランがあるものなのかをまずは確認していきましょう。

キーワード
- Microsoft 365
- オフィススイート
- サブスクリプション

Microsoft 365 はサブスクリプションサービス

 無料で使えるMicrosoft Teams

Microsoft 365のプランとは別に、無償で利用できるMicrosoft Teamsのサービスも存在します。これは、Microsoft 365とは契約をしていない「Microsoftアカウント」のメールアドレスを使って利用できます。
機能制限はありますが、Microsoft Teamsのビデオ会議やビジネス会話など、さまざまな機能を利用できます。

▲Microsoft Teams無償版のダウンロード
ダウンロードは [https://www.microsoft.com/ja-jp/microsoft-365/microsoft-teams/group-chat-software] から行うことができます。なお、本書では無料で使用可能なMicrosoft Teamsの紹介はしていません。

① Microsoft 365 でできること

「Microsoft 365」は、Microsoft社が提供するWordやExcel、PowerPointなどのオフィスソフト（まとめて「オフィススイート」と呼ぶ場合もあります）、「Microsoft Teams」や「OneDrive」などのサービスを一括して提供するサブスクリプションサービスです。

個人向けの「Microsoft 365 Personal」の他、中小規模企業向けの「Microsoft 365 Business」、大企業向けの「Microsoft E3」、「Microsoft E5」などのプランがあります（2020年10月現在）。

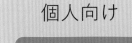

個人向け

Microsoft 365 Personal

企業向け

中小規模企業向け
- Microsoft 365 Business

大企業向け
- Microsoft 365 E3/E5

② Microsoft Teams が使えるプランは?

ただし、個人向けのMicrosoft 365 Personalには、Microsoft Teamsは含まれていません。企業向けのMicrosoft 365には、

すべてMicrosoft Teamsのサービスが含まれています（使える機能は、プランごとに差があります）。

③ ▶ Microsoft 365 のメリットとは

Word や Excel などのオフィスソフトは、1回の買い切り（パッケージ版）でも販売が行われています。

であるのに Microsoft 365 を敢えて選ぶ意味とは何でしょうか？

それは、常に「最新版のソフトが使える」ことにあります。Word や Excel などのソフトは、常に改良が行われており、従来は通常で3年に1回ごとに新しいバージョンが販売されてきました。

ところが、Microsoft 365 を契約していれば、数年ごとに発売される度にソフトを購入する必要はなく、常に最新の Office（おおよそ、1～数ヶ月に1回更新が行われます／2020年10月現在）で、最新の機能を使うことができるのです。

また、買い切りのパッケージ版 Office と違い、1契約で複数のパソコンにオフィスソフトをインストールして使うということも可能です（2020年10月現在、同時に5台までインストール可能）。

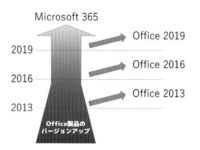

企業の規模や種類によって、異なるプランも存在する

特定非営利活動法人（NPO法人）や教育機関向けには、異なるプランも存在します。詳しくは、Microsoft のホームページをご確認ください。

④ ▶ まだまだある Microsoft 365 の特徴

それだけでなく、Microsoft 365 には、OneDrive や Microsoft Teams、社員ごとのメールボックスなど、非常に沢山の機能がついています。これらのさまざまな機能をひとまとめにしたもの。それが、Microsoft 365 です。

社内で Microsoft 365 を使うために

① ▶ 社内で Microsoft 365 を使う

社内で Microsoft 365 を使うには、それぞれ適したプランの Microsoft 365 を契約する必要があります。契約は社員1人につき1つ。いつでも追加・削除することが可能で、契約人数分の料金が発生します。

② ▶ Microsoft アカウントと Office アカウント

Microsoft 365 では、社員向けに Microsoft 365 で使うためのアカウントを作成して、これを利用することになります。

これは Microsoft のサービスを利用するためのものではありますが、Windows を利用するために用いる「Microsoft アカウント」とは全く別のものとなります。混同しないよう、ご注意ください。

Office アカウントがあれば、どこでもオフィス

Microsoft 365 のサービスでは、Office アカウントさえあれば、会社からでも、カフェからでも、家からでも、どこでもすぐに仕事を開始することができます。

これは、Microsoft の専用サーバーに Office アカウントや会社の重要な情報がすべて保存されているからです。

Office アカウントは、その情報にいつでもアクセスすることができる、重要な鍵となります。特にカフェなどの公衆の場では、取り扱いには充分に気をつけましょう。

section

3

キーワード
■ Microsoft Teams
■ デスクトップ版と
　ブラウザ版
■ Officeアカウント

1

Microsoft 365とは

Microsoft Teamsとは

LEVEL ●─○─○─○─○

ここでは本書のメインである「Microsoft Teams」を見ていきましょう。Microsoft Teamsには、Microsoftのオフィス向けインターネットサービスを活用するための機能が詰まっています。使い方を覚えてMicrosoft Teamsの機能を活用しましょう。

Microsoft Teamsでできること

Hint 実はそれほど変わらない?Teamsのデスクトップ版と、ブラウザ版

パソコン用のデスクトップ版Teamsと、ブラウザで利用できるTeams、実はそれほど機能に違いはありません。本書ではデスクトップ版Teamsをインストールして使うことを念頭に解説していきますが、もしパソコンが重い、Teamsが重いなどの不満があれば、デスクトップ版を使わず、ブラウザからTeamsを利用しても良いでしょう。その場合も操作方法はほとんど変わりません。

▲ ブラウザで[https://teams.microsoft.com/_]にアクセスした場合

▲はじめてブラウザでアクセスした場合に表示される画面 「代わりにWebアプリを使用」をクリックすれば、そのままTeamsの画面が表示される。なお、筆者環境ではEdge、Chrome(それぞれ最新版)で使用できることを確認しています。

①▶ Microsoft Teamsでビジネスの円滑化

Microsoft Teamsは、「Microsoft 365」に含まれるサービスの1つで、組織内で「チャット」や「ファイル共有」などによるビジネスの円滑化を行うサービスです。

◀パソコンやスマートフォンに専用のソフトをダウンロードして使うことができる他、インターネット上で直接利用することも可能です。

②▶ Microsoft Teamsでコミュニケーション

Microsoft Teams上では、社員全体・または特定チーム内でのテキスト会話や、社員との個別チャット、ビデオを使った会議、ファイルの保管など、非常にさまざまなことができます。

テキスト会話　　個別チャット

ビデオ会議　　ファイル管理

▲外部で使っているサービスと連携させることもできるので、どのような企業でも、その企業にあった使い方ができるのではないでしょうか。

① スマートフォン版のMicrosoft Teams

スマートフォンにもMicrosoft Teams用のアプリがあります。テキストチャットへの応答やビデオ会議の参加、送付されたファイルの確認など、パソコン上のTeamsと同じようなことが可能です。

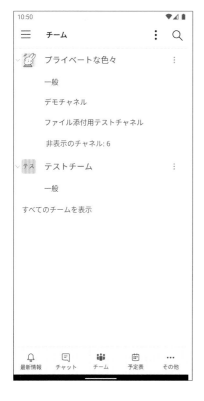

スマートフォン用を手に入れる

AndroidのGoogle Playストアまたは、iPhoneのApple Storeより、「Microsoft Teams」という名前で検索して、ダウンロードが可能です。詳しくは、8章を参照してください。

画面の違い

2020年10月現在このソフトも頻繁に更新が行われており、複数の団体へのアクセスがやりやすくなるなど、さまざまな機能強化が行われています。
頻繁に行われる更新で紙面と画面が異なる場合があります。あらかじめご了承ください。

チャットでTeamsをお勧めするわけ

チャットサービスは非常にたくさんのものがありますが、Microsoft Teamsは、1つのサービスにファイル管理やビデオ会議、テキストチャットなど、遠隔地での業務に必要な多くの機能を兼ね備えたサービスと言えるでしょう。

② どこでもOfficeアカウントがあれば使えるのがTeams

このように、さまざまな機能をOfficeアカウントさえあればどこでも使えるのが、Microsoft Teamsの特徴です。

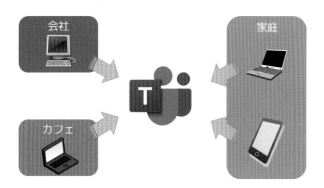

Teamsの機能

キーワード
- チャット
- ビデオ会議
- ファイル管理

LEVEL ●●○○○

実際にMicrosoft Teamsの使い方を見ていく前に、まずはTeamsではどんなことができるのか、さまざまな機能を見てみましょう。Teamsには非常にたくさんの機能があります。まずはTeamsにどんな機能があるのか、どういう風に使えるのかを見ていきましょう。

Teamsの代表的な機能とは

チームでの会話とは

まずは、チームでの会話機能です。チームでの会話機能はMicrosoft Teamsにおいて主たる機能の1つです。詳しい機能や操作は2章で解説します。ここでは、他の社員と文字で会話を行ったり、ファイルを送付して確認したりといったことができます。「チャネル」という機能によって、話題ごとに別々の会話を続けることができますので、本来の方向から会話が脱線したときも、議題から離れることなく話が続行できます。

個別チャットとは

チーム会話は、社内の複数の社員と会話をすることが主なのに対し、個別のチャットでは社員の数人や、あるいは1対1での会話など、比較的小規模な集まりでの会話を行うための機能です。チャットの内容は保管され、いつでも読み返すことができます。

▶ ビデオ会議とは

「ビデオ会議」を使えば、パソコンに搭載（接続）されたカメラやマイクを使って、遠隔地の人とビデオで通話をすることができます（詳しい操作や機能は3章で解説しています）。実際に集まって打ち合わせができないとき、ビデオ会議を行えば、実際に会って話すときと同じように打ち合わせができます。そのため遠隔地にいても内容の微調整などのコミュニケーションが非常にはかりやすくなります。また、パソコンの画面を表示したり、複数人で操作したりといったことも可能になるため、会議の幅が広がります。

▶ ファイルの保管や管理とは

Microsoft Teamsには、「ファイルを保存・管理する機能」もあります。この機能を使えば、仕事に使うファイルがばらけることなく、Teams上に仕事に関する情報を集約できます。また、WordやExcelなどのOfficeソフトのファイルであれば、直接編集することも可能です。

▶ タブの追加

Microsoft Teamsには外部のサイトを表示させることも可能です。この機能を使えば業務で別会社のサービスを併用しているときや、常に確認したいサイトがあるときなど、業務に関係あるさまざまな情報にTeams上からアクセスできるようになります。

Q&A よくある質問と回答

Q ブラウザでTeamsにアクセスした場合できないこととは？

A ビデオ会議利用時、仮装背景を使用することができません。

　ブラウザで「https://teams.microsoft.com/_」にアクセスすると、ブラウザ上でMicrosoft Teamsを使うことができます。

　Web版も機能的にはデスクトップ版のTeamsとほぼ同等の機能を使うことができます。

　ブラウザ上であればTeamsを複数のタブで開いたり、複数のプロファイルを使うことができるため便利な局面もあるでしょう。

　ただし、ブラウザ版のTeamsでは、ビデオ会議時に仮想背景を使うことができません（3章参照）。

　また、デスクトップ版のTeamsとは一部画面構成、使える機能が違う場合があります。

Q 動作検証にTeamsを無償で使うことはできないか？

A Teamsには無償版があります。また、Microsoft 365 Business Standardにも無償試用期間があります。

　Microsoft Teamsには、Microsoft 365とは独立して、無償利用できるものが存在します。

　機能が限定されている箇所があり利用方法は異なりますが、Teamsの使用感を確認するのにはよいでしょう。

▲ Teams無償版の紹介サイト(https://www.microsoft.com/ja-jp/microsoft-365/microsoft-teams/free)

Q Microsoft 365には他にはどのようなサービスがある？

A 法人向けMicrosoft 365には、OneDrive for Businessや社員のメールボックス、予定表、社内用サイトなど多くの機能があります。

　法人向けMicrosoft 365には、OneDrive for Business（8個人用に利用できるOneDriveとは別のものです）や、社員用のメールボックスや予定表、社内用サイトの構築が可能なSharePointなど多くの機能があります。

　詳細についてはMicrosoftのサイトをご確認ください。Microsoft 365 Business のプランと価格、一般法人とSMB向けMicrosoft 365。

【https://www.microsoft.com/ja-jp/microsoft-365/business】

2

ビジネスチャットを使う

このChapterではTeamsの大きな機能のひとつであるチーム内で会話を行う機能を見ていきましょう。チーム内では文字による会話の他、関連するファイルを保管したり、関連するWebサイトなどの情報をタブとして表示したり、といったことができます。チームでの会話は、Teamsを使用して仕事を行う上で、非常に頻繁に利用する機能です。ここで基本的な使い方をしっかり覚えておきましょう。

section 5

予想外の表示が出たときは

Teamsを使っていて予想外の表示が出てきたときの操作方法を覚えよう

キーワード
- ダイアログ
- チュートリアル
- バージョンアップ

LEVEL ●─○─○─○─○

Microsoft Teamsは頻繁にバージョンアップが行われているソフトです。そのため、今までできなかったことができるようになったり、今までと違う画面が出てきたりといったことが頻繁に起こります。もし、予想外の表示が出てきたらどうするのか、最初にその方法を覚えておきましょう。

ダイアログを閉じる

 画面全体が暗くなった Hint

画面全体が薄暗くなり画面の一部が強調表示されることがあります。このような表示のことを「ダイアログ」と呼びます。Teamsのダイアログは、他のソフトのダイアログと見た目が異なる部分がありますが、操作方法に大きな違いはありません。

 ダイアログ以外の部分をクリックする Onepoint

ダイアログ外の薄暗くなった部分をクリックすることでも、操作の取り消しボタンをクリックしたときと同様の動作となります。

①ダイアログ上にボタンが表示されている場合なら

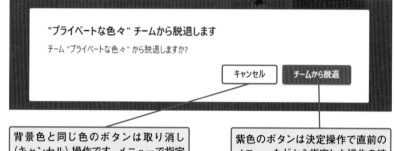

"プライベートな色々" チームから脱退します
チーム "プライベートな色々" から脱退しますか?

キャンセル   チームから脱退

背景色と同じ色のボタンは取り消し（キャンセル）操作です。メニューで指定した操作を取りやめる場合に使います

紫色のボタンは決定操作で直前のメニューなどから指定した操作の続行の可否を選ぶ場合に使います

②ダイアログ上に選択をするボタンがない

このダイアログは**選択**や**キャンセル**ボタンがないため内容を確認して×ボタンで閉じます

❶×ボタンをクリック

5

③ ダイアログ上にボタンがあるが決定操作できないとき

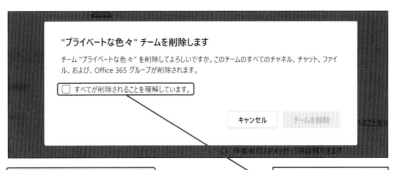

"プライベートな色々" チームを削除します

チーム "プライベートな色々" を削除してよろしいですか。このチームのすべてのチャネル、チャット、ファイル、および、Office 365 グループが削除されます。

☐ すべてが削除されることを理解しています。

キャンセル　チームを削除

メッセージの内容を承知した場合は確認の操作をします

❶ 確認欄にマウスカーソルを重ねてクリック

🔍 **決定操作のボタンがグレーになっている場合**
Hint

特に取り消しができない重要な操作が必要なときや、複数の項目からどれか1つを選ぶ必要がある場合は、このようなダイアログが表示されます。この操作は取り消しができないものもありますので、よく内容を確認しましょう。

④ [決定] ボタンが押せるようになった

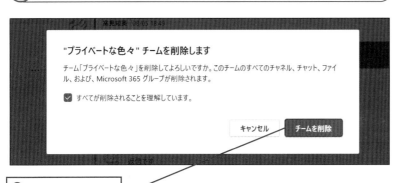

"プライベートな色々" チームを削除します

チーム「プライベートな色々」を削除してよろしいですか。このチームのすべてのチャネル、チャット、ファイル、および、Microsoft 365 グループが削除されます。

☑ すべてが削除されることを理解しています。

キャンセル　チームを削除

❶ 紫色のボタンをクリック

💡 **ダイアログ以外の部分をクリックする**
Onepoint

他のダイアログ上にボタンと同様、ダイアログ外の薄暗くなった部分をクリックすることでも、前の画面に戻ることができます。

操作説明表示があったとき

① 操作説明の表示が始まった

内容を確認してください

❶ 理解したら＞ボタンをクリック

操作のガイド

Teamsがバージョンアップしたときなど新規機能が追加されたとき画面全体が薄暗くなり、ガイドが表示されることがあります。[決定] ボタンをクリックすることでガイドが進行します。内容を確認して [決定] ボタンをクリックして操作を進めていきます。

② ▶ 次の操作説明が始まった

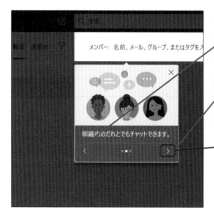

次の説明が表示された

< をクリックして前の説明に戻ることができます

> ボタンをクリックして次のメッセージへ進めます

❶ **>** ボタンをクリック

③ ▶ 操作説明が終わった

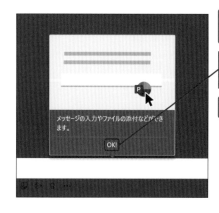

説明の最後まで進んだので説明を終了できます

❶ 終了する場合は **OK** ボタンをクリック

元の画面に戻ります

ズームした画面を元に戻す

① ▶ ユーザーメニューを表示する

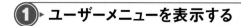

ズームアップした画面を元に戻す場合はズーム機能を使います

ズーム機能はメニューから操作します

❶ **ユーザーアイコンを**クリック

②▶ メニューが表示された

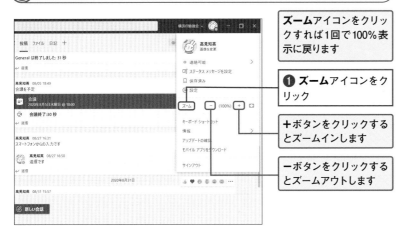

ズームアイコンをクリックすれば1回で100%表示に戻ります

❶ ズームアイコンをクリック

＋ボタンをクリックするとズームインします

ーボタンをクリックするとズームアウトします

③▶ 100%表示に戻った

📝 画面の表示を読んで操作を進めよう
Memo

このほかにもTeamsには様々な画面表示が表示される場合があります。いずれの場合も操作方法は画面に表示されますので、表示される内容をよく読み、操作を行いましょう。

Teamsで表示される文章は、英語を機械的に翻訳した部分もあり、若干内容が分かりづらいところもあります。しかし、操作を間違っても取り返しがつかないケースはほとんどありません。恐れることなく操作をしてみましょう。

まずは、Microsoft Teamsのソフトをダウンロードしよう
Microsoft Teamsを
ダウンロードする

LEVEL ●─○─○─○

それではMicrosoft Teamsを使ってみましょう。Microsoft Teamsは、会社から提供される「Officeアカウント」を利用するソフトです。Microsoftが提供するサービスを利用するための「Microsoftアカウント」とは違います。ご注意ください。

2
ビジネスチャットを使う

キーワード
- ■ ダウンロード
- ■ Webブラウザ
- ■ デスクトップ

Microsoft Teamsをセットアップする

 Onepoint Webブラウザの起動

Webブラウザは Windows 10のデスクトップ画面左下にマウスアイコンを移動すると表示される[スタート]ボタンをクリックして表示されるメニューから起動できます。

 Memo Edge以外を使う

本書ではWebブラウザにMicrosoft Edgeを使用しています。他のWebブラウザの場合、画面表示やダウンロードの表示が異なる場合があるので注意してください。

① Microsoft Teamsのダウンロードページを開く

仕事用の Teams をデスクトップにダウンロード

❶ デスクトップ版をダウンロードをクリック

https://www.microsoft.com/ja-jp/microsoft-365/microsoft-teams/download-app を Webブラウザで開きます

検索エンジンで「teams ダウンロード」と入力して検索しても見つかります

② デスクトップ版をダウンロードする

仕事用のTeamsをデスクトップにダウンロードからダウンロードします

❶ Teamsをダウンロードボタンをクリック

③ ▶ ファイルを開く

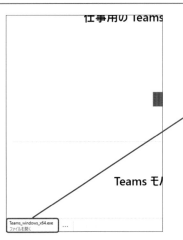

ブラウザ画面の左下に
ダウンロードの状況が表
示されます

❶ **ファイルを開く**が表
示されたらクリック

Teams のインストール
が始まります

Teams モバイル版

6

Microsoft Teams にはモバイル版もあり
ます。
ダウンロードページの下部にあるテキス
トボックスに自分のメールアドレスを入
力すると、数時間後にダウンロード先を
示すメールが送信されます。
ただし、このメールを受信しなくても、
それぞれのスマートフォンのストアから
Teams モバイル版をインストールする
ことが可能です(8章参照)

④ ▶ インストールが終わった

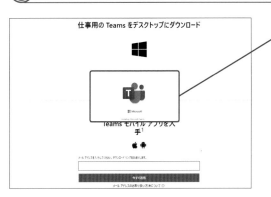

インストールが完了す
るとTeamsの起動画面
が表示された

⑤ ▶ Teams が起動した

インストールが完了し
てTeamsの画面が表示
された

Teamsのサインインが
完了していない場合はこ
の画面が表示されます

section
7

Microsoft Teamsにサインインする

LEVEL ●━○━○━○━○

キーワード
- [ ] セットアップ
- [ ] サインイン
- [ ] Officeアカウント

はじめてMicrosoft Teamsを起動したら、まずはサインインを行う必要があります。はじめてサインインを行う場合は、サインインに引き続いてさまざまな作業を行う必要があります。ここで確認しておきましょう。

Microsoft Teamsにサインインしよう

 サインインアドレスとは

「Microsoft 365」(旧称「Office 365」)は、マイクロソフト社との契約することで使用できるサービスです。Officeアカウントについては会社(勤務先)より割り当てられているものを使用します。なお、Microsoft TeamsはMicrosoftが提供しているサービスではありますが、ここで入力するのは、Windowsに設定している「Microsoftアカウント」ではありません。混同しないようにしてください。

1 ▶ サインイン用のアドレスを入力する

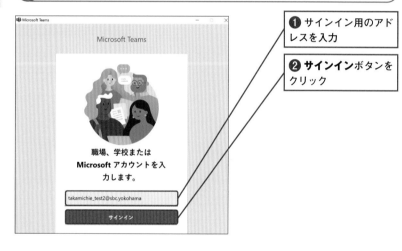

❶ サインイン用のアドレスを入力

❷ **サインイン**ボタンをクリック

2 ▶ パスワードを入力する

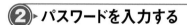

❶ パスワードを入力

❷ **サインイン**ボタンをクリック

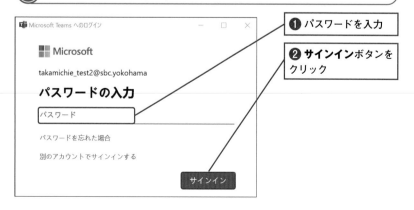

③ 追加の情報を入力する

❶ 次へボタンをクリック

詳細設定の入力が必要ない場合
Hint

7

会社の設定によっては、ステップ③以降の画面は表示されない場合があります。その場合はそのまま「パスワードを変更する」まで読み進めてください。

④ 追加のセキュリティ情報を入力する

❶ 国/地域を選択してください 横の**V**をクリック

❷ 表示されたメニューから「日本(+81)」を選択

❸ 認証用電話番号にいつでも利用可能な電話の電話番号を入力

❹ 次へボタンをクリック

入力した電話番号に**非通知設定**でMicrosoftより電話が掛かってくるのでガイダンスを聞いて操作を行ってください

国番号とは
Memo

「国/地域を選択してください」の一覧では、携帯電話の国番号を選択します。日本の国番号は81のため「日本(+81)」を選択します。別の国の携帯電話番号を利用している場合は該当する国/地域を選択します。

使っていい電話番号は何?
Onepoint

使用できる電話番号は、「固定電話」と「携帯電話」のどちらでも構いません(テキストメッセージ受信の場合は携帯電話だけです)。ただし、別のパソコンでMicrosoft Teamsを使う場合など固定電話が使えない場合を考えると、ご自身の携帯電話の電話番号を使うのがお勧めです。

365の二段階認証機能
Onepoint

この操作で、Microsoft Teamsに設定された二段階認証の機能が有効となります。これ以降、はじめて使うパソコンやスマートフォンでOfficeアカウントを利用しようとした場合、電話番号に電話がかかるようになります。

▲画面表示後、指定した電話に電話がかかってくる

⑤ 追加のセキュリティ情報入力が完了した

❶ 完了をクリック

パスワードを変更する

Hint パスワードの再設定画面が表示されるタイミング

Officeアカウントを使うのが、初めてである場合やOfficeアカウントのパスワード有効期限が切れた場合にステップ①の画面が表示されます。

① ▶ 新しいパスワードを入力する

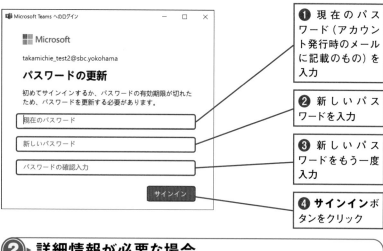

❶ 現在のパスワード（アカウント発行時のメールに記載のもの）を入力

❷ 新しいパスワードを入力

❸ 新しいパスワードをもう一度入力

❹ **サインイン**ボタンをクリック

② ▶ 詳細情報が必要な場合

❶ **次へ**ボタンをクリック

認証用の設定を行う

① ▶ 認証用の設定を行う

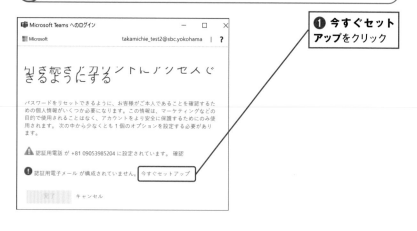

❶ **今すぐセットアップ**をクリック

②▶ 認証用のメールアドレスを設定する

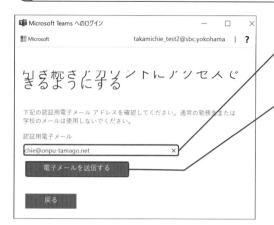

❶ 認証用電子メールとして会社に貸与されたメールアドレス以外のメールアドレスを入力

❷ **電子メールを送信する**をクリック

Hint 携帯のメールアドレスを使う場合は

携帯電話会社で使用されている下記のようなメールアドレス
@docomo.me.jp
@ezweb.ne.jp
@au.com
@softbank.ne.jp
などのメールは、自分が知らない範囲でパソコンからのメールを受信しない設定になっていることがあります。
また、うっかりそのまま携帯電話会社を乗り換えてメールアドレスが無効になるなどのトラブルが起こりえます。
可能であれば、それら携帯電話会社のメールアドレスではなく、会社から貸与されているものや、個人で利用しているものなどパソコンで利用しているメールアドレスを使用するようにしましょう。

③▶ 認証用コードを確認する

ここで、いったん別のメールソフトに切り替えます

スタートボタンやタスクバーからメールソフトを開いてください

マイクロソフトからのメールを開く

Microsoftから送られた認証用コードです

④▶ 確認コードを入力する

❶ 確認用コードを入力

❷ **確認**をクリック

33

操作のガイド

Teamsがバージョンアップしたときなど新規機能が追加されたとき画面全体が薄暗くなり、ガイドが表示されることがあります。[決定]ボタンをクリックすることでガイドが進行します。内容を確認して[決定]ボタンをクリックして操作を進めていきます。

⑤ 完了ボタンがクリック可能になった

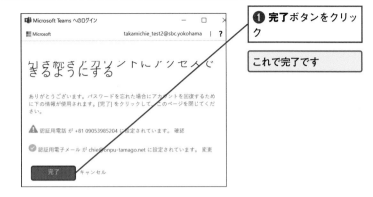

❶完了ボタンをクリック

これで完了です

⑥ Teamsのメイン画面が表示された

認証用の設定を行う

① 他のパソコンでのサインイン

❶サインインアドレスを入力

❷サインインボタンをクリック

② ► パスワードを入力する

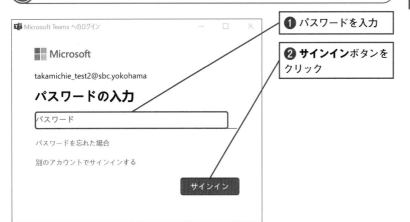

❶ パスワードを入力

❷ **サインイン**ボタンを
クリック

サインインアドレスを入力する際に、
メールアドレスを打ち間違えた場合は次
のような画面が表示されることがありま
す。慌てず正しいアドレスを入力し直し
ましょう。

③ ► 二段階認証に応答する

画面表示後、指定した電
話に電話がかかってきま
す

④ ► サインインをする

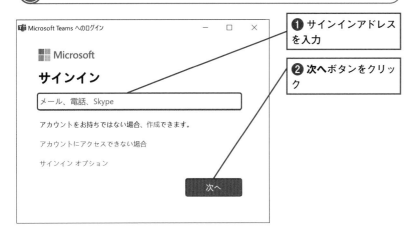

❶ サインインアドレス
を入力

❷ **次へ**ボタンをクリッ
ク

35

section

8

キーワード
- [ ] Microsoft Teams
- [ ] アプリバー
- [ ] 名称

各部名称を確認しよう

LEVEL ●━○━○━○━○

Teamsを使う前に、各部（ボタンやリスト、ワークスペースなど）の名称を確認しましょう。Teamsには、複数の機能があり、それらの画面に切り替えて使用することになります。今後の説明の際も、ここで説明した名前を使いますので、名称を覚えておいてください

画面構成を確認しよう

①▶ アプリバーのはたらき

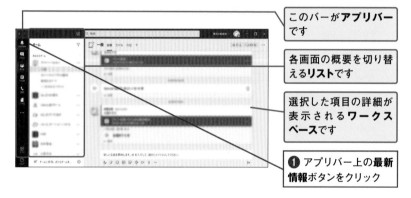

このバーが**アプリバー**です

各画面の概要を切り替える**リスト**です

選択した項目の詳細が表示される**ワークスペース**です

❶ アプリバー上の**最新情報**ボタンをクリック

②▶ 最新情報の一覧が表示された

この画面で最新情報の確認ができます

自分に宛てられたメッセージの一覧などが表示されます

Teamsのさまざまな基本アプリの画面を切り替えながら確認しよう

① チャット画面の構成

① アプリバー上の**チャット**ボタンをクリック

リスト領域では過去のチャット一覧を選択できます

ワークスペースには選択した人とのチャットが表示されています

 チャット画面とは

個別のチャットを行うための画面です。チームではないので注意してください。

 チャット画面を開くには

アプリバーの［チャット］ボタンをクリックすることでチャット画面を表示できます。

② チーム画面が表示された

① アプリバーの**チーム**ボタンをクリック

リスト領域では企業内のチームの一覧や切り替えを行うことができます

 チーム画面とは

チーム内の会話やさまざまな作業を行うための画面です。

 ワークスペースとは

ワークスペースにはリスト領域で選択したチームで会話やファイルなどの情報が表示されます。

③ 予定表画面の構成

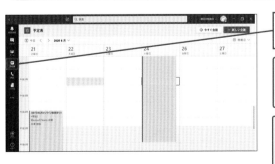

① アプリバー上の**予定表**ボタンをクリック

会議の予定を作成する場合には**新しい会議**をクリックします

予定の一覧で予定がある部分は枠が表示されます

予定表画面とは

会議の予定などを確認する予定表の画面です

ビデオ会議を始めるにには

ビデオ会議（3章参照）を行うときはこの画面の「今すぐ会議」をクリックします

通話画面とは
Memo

音声のみの通話を行う画面です。

④ ▶ 通話画面の構成

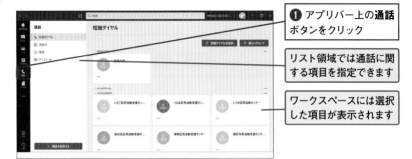

❶ アプリバー上の**通話**ボタンをクリック

リスト領域では通話に関する項目を指定できます

ワークスペースには選択した項目が表示されます

ファイル画面とは
Memo

Teams上のファイル保管スペースやクラウド領域に保管されているファイルを一覧表示で確認できます

⑤ ▶ ファイル画面の構成

❶ アプリバー上の**通 ファイル**ボタンをクリック

リスト領域ではファイルのビュー（表示のしかた）や表示するクラウドストレージ領域を指定できます

ワークスペースには選択したビューのファイルが表示されます

⑥ ▶ さらに追加されたアプリ画面

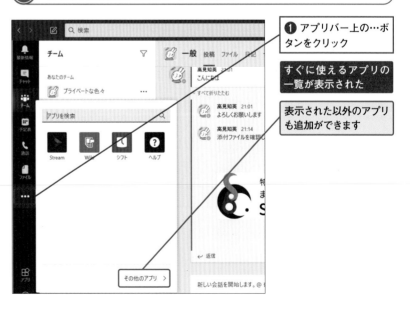

❶ アプリバー上の…ボタンをクリック

すぐに使えるアプリの一覧が表示された

表示された以外のアプリも追加ができます

ビジネスチャットを使う

2

⑦ ▶ アプリの一覧画面の構成

❶ アプリバー上の**アプリ**ボタンをクリック

アプリの追加画面に表示されていないさまざまなアプリの追加が行えます

さまざまなアプリ
Memo

主にTeamsとMicrosoftの他のサービスや、他社のサービスをつなぐための機能のことを、Teamsではアプリと呼んでいます。ここには実にさまざまなアプリがありますが、本書では紹介していません。

アプリバーのそれ以外のアイコン
Memo

アプリバーにはこれ以外にもさまざまなアプリを表示することができます。
それ以外のアイコンの操作方法は、社内のマニュアルなどを参照してください。

▲さまざまなアイコン

8

⑧ ▶ ヘルプ画面の構成

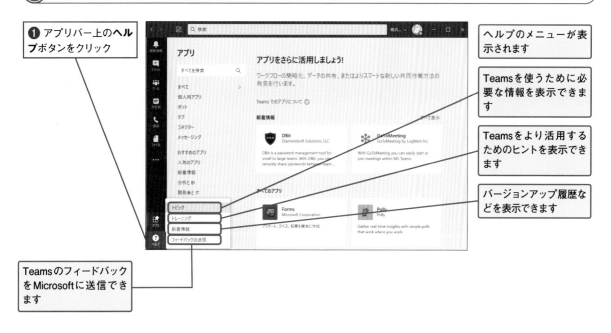

❶ アプリバー上の**ヘルプ**ボタンをクリック

ヘルプのメニューが表示されます

Teamsを使うために必要な情報を表示できます

Teamsをより活用するためのヒントを表示できます

バージョンアップ履歴などを表示できます

TeamsのフィードバックをMicrosoftに送信できます

Teamsの大きな機能のひとつ、チーム内での会話の仕方を覚えましょう

チームで会話をするには?

LEVEL ●─○─○─○─○

キーワード
- チーム
- チャネル
- 改行

これよりTeamsの利用を開始していきます。まずはチームでの会話方法を覚えましょう。チームでの会話はTeamsの非常に大きな機能の一つです。チーム内では、文字による会話の他、関連するファイルを保管したり、関連するWebサイトなどの情報をタブとして表示することができます。

まずは簡単な文章を投稿してみよう

 チームを開く
Shortcut

デスクトップ版
[Ctrl]＋[3] キー
ブラウザ版
[Ctrl]＋[Shift]＋[3] キー

① 新しい会話を開始する

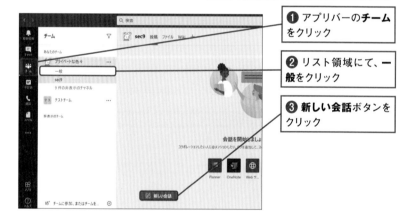

❶ アプリバーの**チーム**をクリック

❷ リスト領域にて、**一般**をクリック

❸ **新しい会話**ボタンをクリック

② 投稿フォームが表示された

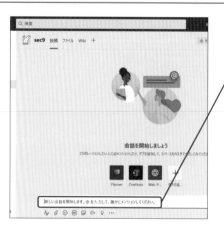

❶ **新しい会話を開始します。@を入力して、誰かにメンションしてください。** テキストボックスをクリック

③ ▶ 文字を入力してみよう

文字を入力

❶ ここでは「こんにちは」と入力しています

❷ 入力が終わったら**紙飛行機マーク**のボタンをクリック

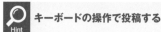

キーボードの操作で投稿する 9

文字の入力後、[Enter] キーを押すことで投稿することも可能です。

④ ▶ 投稿された

ワークスペースに記事が投稿された

投稿文内で改行してみよう

① ▶ 新しい会話を開始する

❶ **新しい会話**ボタンをクリック

②▶ 投稿フォームが表示された

❶ 新しい会話を開始します。@を入力して、誰かにメンションしてください。テキストボックスをクリック

③▶ 1行目の文字を入力しよう

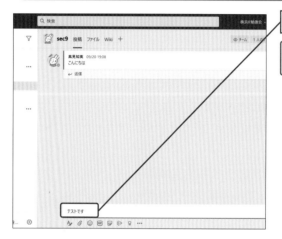

❶ 文字を入力

ここでは「テストです」と入力しています

Excelとは違う
Hint

Excelのセル内での改行は [Alt] + [Enter] キーですが、Termsは [Shift] + [Enter] キーです。注意しましょう。

④▶ 改行してみよう

改行は2つのキーを同時に押す必要があります

❶ [Shift] + [Enter] キーを押す

⑤ 改行された

改行された

 間違って送信した場合

入力途中で送信してしまった場合は投稿上にマウスを載せると表示される**その他のオプション**ボタンより、編集をクリックします。

▲**その他のオプション**ボタンをクリック

⑥ 2行目の文字を入力しよう

❶ 文字を入力

ここでは「Teamsのテストです」と入力しています

❷ 入力が終わったら**紙飛行機マーク**のボタンをクリック

▲**編集**ボタンをクリック

🔍 **[Enter] キーでも送信できる**
Hint

[Enterキー] を押しても送信ができます。

⑦ 投稿された

投稿した文がワークスペースの下に表示された

投稿文を強調したり、リンクや添付ファイルを挿入する方法を覚えましょう

投稿を装飾するには?

LEVEL ●━●━○━○━○

投稿には、装飾を行ったり、リンクやファイルを添付することもできます。
続いては投稿の装飾やリンク設定の方法を覚えましょう。

文章の書式を有効にしよう

 書式が有効な状態では、Enterキーでは送信できない

書式が無効な状態では [Enter] キーを押しただけでも送信ができますが、書式が有効になると、それだけでは送信ができなくなります。[投稿] ボタンをクリックするか、[Ctrl] キーを押しながら、[Enter] キーを押します。

① ▶ 文章の書式を有効にする

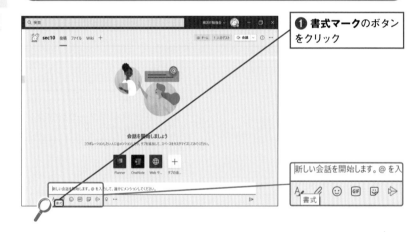

❶ **書式マーク**のボタンをクリック

新しい会話を開始します。@ を入

② ▶ テキストボックスの領域が拡張された

書式が有効になった

もう一度書式マークをクリックすると元に戻ります

③ 件名を追加する

書式を有効にすると、件名を指定することができます

❶「ご挨拶」と入力

④ 件名が追加された

件名はすこし大きめの文字で表示されます

⑤ 文字の装飾を行う

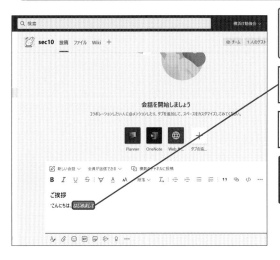

太字や斜体などのごく基本的な文字の装飾を行うことができます

❶ 書式を設定したい文字を選択

❷ **太字**や*斜体*などのボタンをクリック

選択した文字に太字や斜体などの書式が設定された

 どんなときに書式を使う？
Hint

とくに強調したい内容、見て欲しい文章、確認して欲しいことがあるときに書式を使うとよいでしょう。
また、うっかり [Enter] キーを押して投稿してしまうのを避けたいときにも使えます

Onepoint 箇条書きのレベルを変えることも可能

インデントを増やす/インデントを減らすのボタンで、箇条書きのレベルを変更することもできます。**インデントを増やす**ボタンをクリックすると箇条書きのレベルが1つ上がり、**インデントを減らす**ボタンをクリックすることレベルが1つ下がる。なお、いちばん低いレベルの場合は箇条書きが解除される。

▲箇条書きのレベルを変更する

Hint 半角不等号を入力しても等幅にできる

投稿文の行頭で半角不等号記号「>」を入力しても、引用文が有効になります。

⑥ 段落を設定する

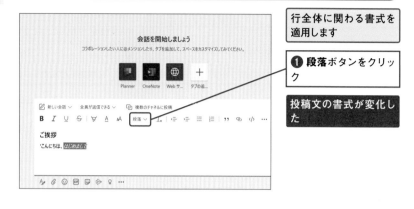

行全体に関わる書式を適用します

❶ **段落**ボタンをクリック

投稿文の書式が変化した

⑦ 段落の役割を設定する

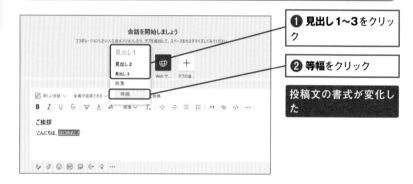

❶ **見出し1~3**をクリック

❷ **等幅**をクリック

投稿文の書式が変化した

⑧ 箇条書きを行う

文章中に**箇条書きマーク**を表示することができます

❶ **箇条書き**ボタンをクリック

段落番号ボタンをクリックすれば番号のついた箇条書きを行うこともできます

箇条書きを示す黒丸が投稿文上に表示された

⑨ ▶ 引用を設定する

その段落が引用文であることを示します

❶ 引用ボタンをクリック

引用領域が表示されその中に引用文を貼り付けることができるようになった

🔍 URLを直接入力しても、リンクになる
Hint

インターネットブラウザのアドレスバーに表示されている、URLを直接投稿文欄に貼り付けても、リンクとして強調表示されます。Webブラウザのアドレスバーに表示されている、URLを［コピー］します。続いてTea msの投稿文に貼り付けます。リンクには自動的に概要を示す文が追加され、クリックしてそのサイトに移動できるようになります

▲リンクをコピーする

⑩ ▶ リンクを挿入する

Webサイトなどのリンクを挿入できます

❶ リンクを挿入ボタンをクリック

❷ 表示されたパネルの**表示するテキスト**にリンクを説明する文章を入力

❸ 表示されたパネルの**アドレス**にWebサイトなどのアドレスを入力

Webサイトのリンクが投稿文に入力された

アナウンスを入力しよう

① ▶ アナウンスを作成する

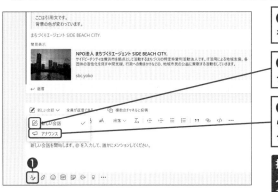

❶ 書式マークのボタンをクリック

❷ 新しい会話ボタンをクリック

❸ 表示されるリストから、**アナウンス**をクリック

投稿部分がアナウンス入力用の表示に切り替わった

🔍 アナウンスの効果とは
Hint

アナウンスは大きい見出しが追加される他、これがアナウンスであることを示すアイコンが表示されます。

② アナウンスの文章を入力する

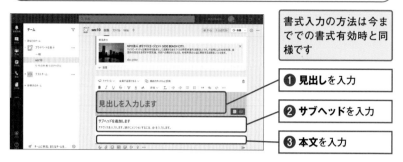

書式入力の方法は今ま
でての書式有効時と同
様です

❶ 見出しを入力

❷ サブヘッドを入力

❸ 本文を入力

特定の相手にメンションを送る

メンションを送りたい人が候補にいない場合は
Hint

チームに参加している人が自分以外に6
人以上いる場合、候補にメンションを送
りたい人が表示されない場合がありま
す。その場合は、その人の会社内メール
アドレスを数文字入れると、候補を絞り
込むことができます。

① 投稿文にメンションを含める

メンションを送る
ことで相手に気付
いてもらいやすく
なります

❶ 投稿文入力テ
キストボックスに
@を入力

❷ 表示される候
補でメンションを
送る人を選択

投稿に添付ファイルを追加する

メンションを送られるとどうなる?
Onepoint

メンションを送られると、相手の[最新
情報]欄にメンションされたということ
が表示され、通知が表示されます。

▲最新情報欄での表示

▲通知の表示(パソコンの画面右
下に表示される)

① ファイルの添付を行う

❶ 添付マークの
ボタンをクリック

添付方法を確認す
るメニューが表示
されます

②▶ コンピューターからファイルをアップロードする

❶ **コンピューター
からファイルを
アップロードをク
リック**

③▶ 添付するファイルを選択する

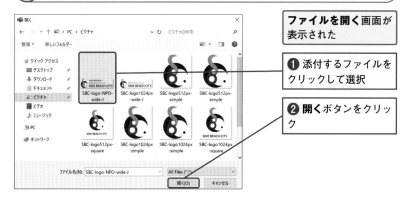

ファイルを開く画面が
表示された

❶ 添付するファイルを
クリックして選択

❷ **開く**ボタンをクリッ
ク

④▶ 投稿を行う

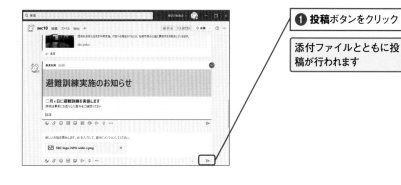

❶ **投稿**ボタンをクリック

添付ファイルとともに投
稿が行われます

**Hint ファイルをドロップしても投稿で
きる**

パソコンのエクスプローラーなどから
ファイルをドロップしてもファイルを添
付できます。

⑤▶ 投稿された

section 11

既存の投稿に返信するには?

LEVEL ●━●━○━○━○

キーワード
- ■ スレッド
- ■ 書式
- ■ 絵文字リアクション

チームメンバーとの作業にTeamsを使う場合、他の人の会話に返信したいときも多いと思います。そのようなときのために、Teamsには既存の投稿に返信を行う機能があります。ひとつの投稿に連なった話題の流れを「スレッド」と呼ぶこともあります。

投稿に返信しよう

[Enter] キーでも送信できる
Hint

新しい投稿を行う際と同様、[Enter]キーを押しても送信ができます。また、投稿文の中で改行したい場合は、[Shift]キーを押しながら [Enter] キーを押します。

① ▶ 返信ボタンをクリックする

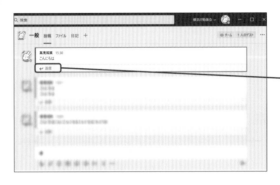

返信を行いたい投稿を選択します

❶ 返信をする投稿の直下にある**返信**ボタンをクリック

ボタンがテキストボックスに変化し文字が入力できるようになった

② ▶ 返信文を入力する

投稿に対する返信を行います

❶ テキストボックスに返信したい内容を入力

ここでは「よろしくお願いします。」と入力しています

❷ 入力が終わったら**紙飛行機マーク**のボタンをクリック

投稿した文がスレッドに投稿されスレッドがワークスペースのいちばん下に移動した

11

返信にも装飾をしよう

① 文章の書式を有効にする

❶ 返信欄の直下の**書式マーク**のボタンをクリック

使える書式は投稿を行う際と同じ

ここでは、投稿を行う際とほぼ同じ書式が利用できます。ただし、見出しの設定やアナウンスの使用はできません。

🔍 **絵文字リアクション**

2020年10月現在のMicrosoft Teamsには6つの絵文字リアクションが登録されています。
・いいね
・ステキ
・笑い
・ビックリ
・悲しい
・怒り
これらを使うと、いちいち投稿文を入力しなくても、「OK」や「わかった」などの簡単な意志を相手に伝えることができます。しかし、あまりこれらを多用し過ぎると、本来伝えたい内容と異なる意志が相手に伝わるなど問題が起こることがあります。絵文字リアクションは適度に使うようにしましょう。

② 文章の書式が有効になった

絵文字リアクションを使おう

① 絵文字リアクションを投稿する

❶ 投稿された文章にマウス乗せすこし待つ

❷ 表示された絵文字リアクション一覧から内容に合致するものを選択

絵文字リアクションが投稿に表示されます

返信にも絵文字リアクションを投稿できる

返信にも絵文字リアクションを投稿することができます。

チームとチャネルの仕組みの構造と移動方法を覚えよう

チャネルを移動するには?

LEVEL ●━●━○━○━○

キーワード
- チーム
- チャネル
- タブ

Teamsには、「チーム」と「チャネル」という2つの構造があります。これらによって、さまざまな投稿を分類ごとに整理して見ることができ、インターネットを介しても複数の話題を並行して進めることができます。チームとチャネルの見方、移動の仕方を覚えておきましょう。

チームの構造とは

Hint　チームとチャネルと会話

Microsoft Teamsには、チームとチャネルという2つの構造があります。チームにはひとつ以上のチャネルが含まれ、チャネルの中で個別の会話が行えるようになっています。すべてのチームに最初からあるものを「一般チャネル」といい、チームに関わる全員が常に見ることになります。取り扱う話題が変わるときは別チャネルに移動することで、さまざまな話題を並行して進めることが可能になります。

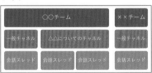
▲チームの構造

Hint　タブにはどんなものが表示される?

チャネルには参加者の会話の他、チャネルに関連するファイルの置き場、簡易な文章を書き置くためのWiki等のさまざまな情報が保存されています。これらの情報を切り替えるのがこのタブです。

▲ファイルタブ（5章で解説）タブは右側の+ボタンをクリックすることで追加することも可能です。

① 画面でのチームリストの見方

現在表示している**チャネル**です

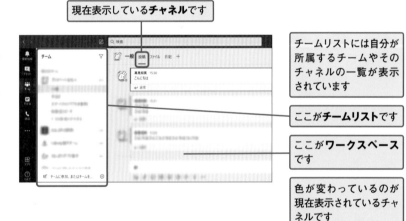

チームリストには自分が所属するチームやそのチャネルの一覧が表示されています

ここが**チームリスト**です

ここが**ワークスペース**です

色が変わっているのが現在表示されているチャネルです

② タブの見方

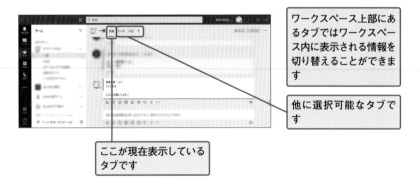

ワークスペース上部にあるタブではワークスペース内に表示される情報を切り替えることができます

他に選択可能なタブです

ここが現在表示しているタブです

① 別のチャネルを開く

ワークスペースで開いているのとは違うチャネルを表示する場合そのチャネルの名前をクリックします

❶ **チャネル名**をクリック

チャネルが切り替わった

② 非表示のチャネルを開く

❶ チャネル一覧のいちばん下にある「○件の非表示のチャネル」をクリック

❷ 表示される非表示のチャネル一覧から開くチャネル名をクリック

チャネルが切り替わった

チャネルが非表示になるのはどんなとき?

チャネル名の右側に表示される[その他のオプション]ボタンをクリックすることで、チャネルを非表示にすることができます。また、数日間投稿がない場合など、Teams側が判断をして、チャネルを自動的に非表示にする場合もあります。なお一般チャネルは非表示にできないため、必ず参加者全員に表示されます。

❷ メニュー内の**非表示**をクリック

選択したチャネルが非表示になった

◀チャネルのオプション

❶ チャネル名の右側にある**その他のオプション**ボタンをクリック

チームを切り替える

🔍 **Hint** 非表示のチーム

チームでの動きがしばらくない状態が続いたときはチーム自体が非表示になってしまうことがあります。もしそれらのチームの内容を確認したいときは、チームリストのいちばん下にある、[非表示のチーム] 一覧をクリックします。手順は、非表示のチームをクリックすると非表示にされているチームの一覧が表示されます。

▲非表示のチーム

① 別のチームを開く

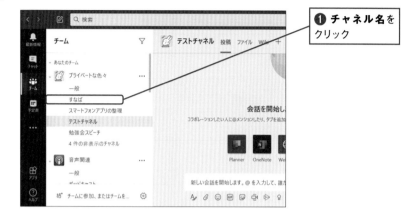

① チャネル名をクリック

② チャネルが切り替わった

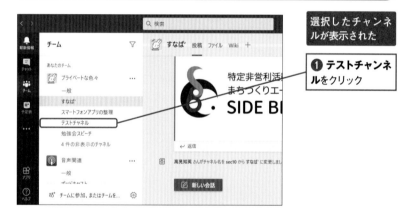

選択したチャンネルが表示された

① テストチャンネルルをクリック

③ 元のチームに戻った

チャネルを作る

① 「チャネルを作成ダイアログ」を表示する

❶ チャネルを作成したいチームの**その他のオプション**ボタンをクリック

❷ 表示されたメニューの**チャネルの追加**をクリック

追加するチャネルの情報を入力する画面が表示された

チャネルの作成ができない場合は

チームの管理者はチャネルの作成を社員が自由に行えるかどうかを選択できます。もしチャネルの作成権限が自分に与えられてない場合、チャネルの作成は行えません。

新しくチャネルを作成する

新しくチャネルを作成する場合はチャネルを作成したいチーム名の右側にある「その他のオプション」から操作を行います

② チャネルの情報を入力する

チャネルの名前や説明文を入力します

❶ **チャネルの名前**を入力

❷ **チャネルの説明**に概要を入力

❸ チャネルを閲覧可能な人を指定

プライベートなチャネルを作成する

プライベートなチャネルを作成した場合、次の画面で指定した人以外はチャネルの閲覧ができなくなります。

③ チャネルが作成された

チャネルが作成された

55

Q&A よくある質問と回答

Q 自分が不在の間にどんな会話があったのかを知りたい。

A アプリバーの最新情報またはチームリストの表示を確認しましょう。

アプリバーの最新情報には、メンションが送られた投稿が表示されます。まだ見ていない項目は太字で表示されています。また、チームリストでも更新を確認することができます。メンションがあるチャネルには確認していない投稿の個数を示すバブルが、メンションはないが読んでいない投稿があるチャネルは太字で表示されています。

▲最新情報の一覧

▲チームリスト

Q どのようなことを投稿すればよい？

A 普段、社内で話し合っている内容を投稿します。多めに投稿をするとよいでしょう。

社内で話している内容、話し合いたい内容を文章として投稿するとよいでしょう。返信があった投稿は目立つようチャネルのいちばん最後に表示されるため、話題が変わらない場合は返信で会話を行うと分かりやすいです。

リモートワークでは実際に会って仕事をするときと違って、「焦っている」、「困っている」などの感情や他に抱えている仕事の状況が伝わりません。すこし書き過ぎとくらいに多めに文章を書いてみるのもよいのではないでしょうか。

Q よく使うチャネルを常に表示しておくには？

A よく使うチャネルはピン留めすることで常にチームリストの最上位に表示できます。

チャネルのオプションには [ピン留め] という項目があります。これを使ってチャネルをピン留めし常にチームリストの上位に表示させることができます。複数のチャネルをピン留めすることも可能です。チャネル数が多くなったときは活用しましょう。なお、チャネルのピン留め状態については、他の社員のTeamsには反映されません。

▲ピン留めを解除する

▲チャネルをピン留めする

このChapterの解説を参考にして、以下の問題に挑戦してみましょう。

 問題 1 チャネルへの投稿

チャネルに「テスト」と投稿してみましょう。

> HINT　投稿には、ワークスペース下部のテキストボックスを使用します

問題 2 投稿に返信

チャネルに投稿された「テスト」という投稿に返信してみましょう。

> HINT　返信を行うには返信したい投稿の下部にある[投稿]をクリックします。

問題 3 表示チャネルを切り替え

別のチャネルを表示してみましょう。一般チャネルからテストチャネルにワークスペースを切り替えてみましょう。

> HINT　チャネルを切り替えるときは、チームリストを利用します

問題 4 チャネルを作成

初期のチームに新たなチャネルを作成してみましょう。

> HINT　チャネルを作成するにはチームの[その他のオプション]メニューを使用します。

解答は次のページ

解　答　練習問題は解けましたか。以下の解答例と照らし合わせてみましょう。

解答 1　参照：section9

❶アプリバーの［チーム］をクリック
❷リスト領域の［一般］をクリック
❸［新しい会話］ボタンをクリック
❹ワークスペース下部の［新しい会話を開始します。@を入力して誰かにメンションしてください。］と表示されたテキストボックスに文字を入力する（問題では「テスト」と入力している）
❺入力が終わったら［紙飛行機マーク］ボタンをクリック

解答 2　参照：section11

❶返信したい投稿の直下にある［返信］ボタンをクリック
❷テキストボックスに返信したい内容を記入する（画面では「返信」と入力している）
❸入力が終わったら［紙飛行機マーク］のボタンをクリック

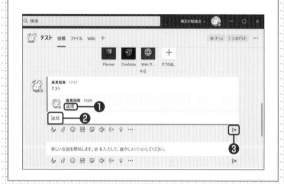

解答 4　参照：section12

❶新しくチャネルを作成する場合はチャネルを作成するチーム名の右側にある［その他のオプション］から操作
❷チャネルを作成するチームの［その他のオプション］ボタンをクリック
❸表示されたメニューの［チャネルの追加］をクリック

解答 3　参照：section12

❶チャネル名をクリック

58

3

ビデオ会議機能を使う

ここでは、Teamsのもうひとつの重要な機能であるビデオ会議機能を見ていきましょう。ビデオ会議は、現在Microsoftが非常に注目している機能で、頻繁に機能強化が行われています。ビデオ会議機能を使えば、パソコンのカメラを通じて、遠方にいる人と直接対話することができます。また、直接の対話だけでなく画面共有や会議中メモなど、Teamsのビデオ会議機能には多くの機能があります。しっかり見ていきましょう。

ビデオ会議を始めるには？

LEVEL ●━●━●━○━○

それではTeamsのビデオ会議機能について触れていきましょう。ビデオ会議を使えば、パソコンのカメラを通じて、遠方にいる人と直接対話することができます。使い方を覚えて、対話を効率よく進めていきましょう。

キーワード
■ ビデオ会議
■ カメラ
■ マイク

3

ビデオ会議機能を使う

今すぐ会議を始めてみよう

返信でも今すぐ会議できる
Onepoint

既存の投稿の返信でも、今すぐ会議を行うことができます。どちらの場合でも以降の操作は同様です。

▲返信からでも会議を始められる

会議ボタンの表示
Hint

Microsoft Teamsの画面（ウィンドウ）サイズが小さいと**会議**ボタンの図柄がビデオカメラ・マークだけの場合があります。

▲ビデオカメラアイコンをクリックする

▲マウスカーソルを重ねると「今すぐ会議」が表示される

① ビデオ会議を始める

Teamsを開いてください

❶ 会議ボタンをクリック

ボタン右側の▽ボタンをクリックすると会議の予定が作成できます（section20参照）

② 会議オプションを変更する

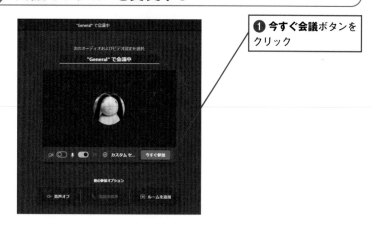

❶ 今すぐ会議ボタンをクリック

③ ▶ 会議が開始された

ビデオ会議の相手が表
示された

ステップ2の画面でビデオをオンにした
場合、カメラの映像が左右反転して表示
されています。ただし、相手には正しい
方向で表示されているため問題はありま
せん。

▲相手から見たところ

デバイスの設定を確認する

① ▶ 「その他の操作」メニューを開く

音が聞こえない場合や
声が届かない場合はデ
バイスを確認します

❶ **その他の操作**ボタン
をクリック

② ▶ デバイスの設定を表示する

❶ **デバイスの設定**メ
ニューをクリック

Memo スピーカーやマイクの一覧の表
示が違う

この一覧には、パソコンに接続されてい
るマイクやカメラ、スピーカー、仮想デ
バイス、パソコン内蔵デバイスなどが一
覧表示されます。
このため、パソコンごとに表示される内
容は異なります。

③ ► 会議に使用しているデバイスが表示された

使用しているカメラや
マイク、スピーカーの情
報が表示された

使用するスピーカーを
選択できます

使用するマイクを選択
できます

使用するカメラを選択
できます

④ ► デバイスの設定画面を隠す

❶ **その他の操作**ボタン
をクリック

⑤ ► その他の操作メニューが表示された

❶ **デバイス設定を表
示しない**をクリック

ビデオ会議機能を使う

3

⑥ デバイスの設定が消えた

画面表示が元に戻った

ビデオ会議に参加する

① ビデオ会議の開催を知るには

会議が開催されていると開催されているチャネルにはマークが表示されます

ビデオ会議の開催を示すマークです

❶ **参加**をクリック

[会議の参加] ボタンが表示されないとき

ワークスペースの表示状態によっては、別の場所に会議への参加ボタンが表示される場合もあります。

▲ワークスペースの投稿として会議への参加ボタンが表示されている

周辺に同じ会議の参加者がいる場合は音声をオンにしない

自分の周辺に同じ会議に参加している人がいる場合は、音声をオフにしましょう。お互いのパソコンが音声を拾ってしまいハウリングが発生することがあります。

② 会議の準備を行う

別のカメラを利用するなど設定を変更する場合は**カスタムセットアップ**をクリックします

❶ **今すぐ会議**をクリック

63

③ ▶ ビデオ会議に参加できた

ビデオ会議が始まった

自分の画像は右下に表示されます

ビデオ会議に呼ばれた場合には

バナー表示で呼び出し
Onepoint

パソコンのデスクトップ画面に表示される「バーナー呼び出し表示」は、一定時間が経過すると消えてしまします。注意してください。

① ▶ 呼び出しが表示された

画面右下に会議への呼び出しが表示されます

参加しないなら**拒否**ボタンをクリックします

❶ 参加するので**承認**ボタンをクリック

② ▶ ビデオ会議の準備を行う

❶ **今すぐ会議**をクリック

③ ▶ ビデオ会議が開始された

会議の画面が表示された

ビデオ会議を終了するには

① ▶ ビデオ会議を終了する

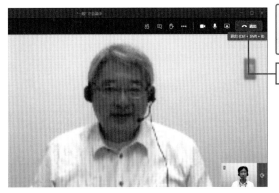

ビデオ会議から抜ける場合は**退出**ボタンを使います

退出ボタンをクリック

Memo 会議終了後、評価の入力を求められる場合もある。

会議の終了後、通話の品質を評価する画面が表示される場合があります。
星の評価を入力すると、画面を閉じることができます。

▲通話品質の評価画面

② ▶ ビデオ会議が終了した

Teamsの直前に表示していた画面に戻った

ビデオ会議にパソコンの画面を表示してみよう

画面共有を行うには?

LEVEL ●●●○

Teamsのビデオ会議機能では、パソコンの画面を共有することができます。他の人に遠隔地からパソコンの操作を要求することもできるので、パソコンの操作が分からないときにも使うことができます。画面共有の仕方と機能を知り、効率的なビデオ会議を進めていきましょう。

画面の共有を行う

 慣れないうちは画面を共有しよう

Teamsの操作に慣れないうちは、アプリケーションのウィンドウなどではなく、画面を共有するほうがよいでしょう。
なぜなら、PowerPointのプレゼンテーションモードなど、途中で別ウィンドウを表示するソフトを共有する場合や、途中で共有したいウィンドウが変わったときなど、操作の途中で自分が共有したい画面と実際に共有する画面が食い違ってしまう場合があるからです。

①▶ 共有メニューを表示する

❶ コンテンツの共有ボタンをクリック

②▶ 共有する画面を選ぶ

共有メニューが表示された

画面を選択できます

❶ Screen#1をクリック

③ デスクトップが共有された

画面に赤い枠が表示された

このデスクトップ画面が会議参加者に共有されています

Teamsの会議画面は一度非表示になります

🔍 マルチモニター環境での注意 14

画面の共有はモニター毎に行われます。つまりパソコンに複数のモニターが接続されている場合は、各モニターが順番にデスクトップの列に表示されます。その中から共有したいモニターを選択してください。

画面の共有を停止する

① 発表中バーを表示する

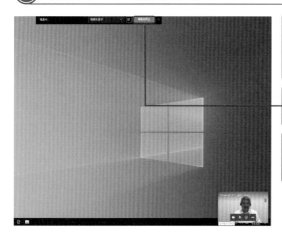

マウスを共有中の画面上部に移動させると発表中バーが表示されます

❶ **発表を停止**ボタンをクリック

発表が停止して会議画面が元の状態に戻ります

💡 共有の停止ボタン

画面下部に表示されているTeams会議画面の**共有を停止**ボタンをクリックすることでも、共有を停止することができます。

▲**共有を停止**ボタンをクリックと共有が停止する

② 共有が停止された

ウィンドウを共有する

Memo ウィンドウは最近アクティブにした順に表示される

ウィンドウは最近アクティブにした（カーソルでクリックするなどして使用した）順番に表示されます。
共有したいウィンドウが見えない場合は、画面を下にスクロールすると表示されます。

① 共有メニューを表示する

❶ コンテンツの共有ボタンをクリック

② 共有するウィンドウを選ぶ

現在パソコンで表示しているウィンドウの一覧が表示されています

❶ 表示するウィンドウをクリック

③ ウィンドウが共有された

赤い枠で囲まれた画面が会議参加者に共有された

Teamsの画面以外を共有した場合はTeamsの画面が一度非表示になります

ビデオ会議機能を使う

3

① ▶ 発表中バーを表示する

マウスを共有中の画面上部に移動させると発表中バーが表示されます

❶ **発表を停止**ボタンをクリック

慣れないうちは画面を共有しよう
Onepoint

Teamsの操作に慣れないうちは、アプリケーションのウィンドウなどではなく、画面を共有するほうがよいでしょう。
なぜなら、PowerPointのプレゼンテーションモードなど、途中で別ウィンドウを表示するソフトを共有する場合や、途中で共有したいウィンドウが変わったときなど、操作の途中で自分が共有したい画面と実際に共有する画面が食い違ってしまう場合があるからです。

② ▶ 共有が停止された

発表が停止して会議画面が元の状態に戻った

PowerPointの資料などを共有する

① ▶ 共有メニューを表示する

❶ **コンテンツの共有**ボタンをクリック

🔍 **Hint** 一覧に資料がない

一覧に資料が表示されていない場合は、[参照] ボタンをクリックして資料を選択してください。

② ▶ 共有する資料またはアプリケーションを選ぶ

最近PowerPointで開いた資料や共有可能なアプリケーションの一覧が表示された

❶ **PowerPoint**の資料をクリック

③ ▶ 資料の共有が開始された

だれでもオンライン配信
StreamYardやZoomの
イベント配信のやりかた

NPO法人 まちづくりエージェント SIDE BEACH CITY.
高見知英

選択したPowerPointの資料が表示された

クリックして資料をめくることができます

④ ▶ 共有した資料を操作する

だれでもオンライン配信
StreamYardやZoomの
イベント配信のやりかた

NPO法人 まちづくりエージェント SIDE BEACH CITY.
高見知英

前のスライドを表示させたい場合は＜ボタンをクリックします

次のスライドを表示させたい場合は＞ボタンをクリックします

資料の共有を停止する

①▶ 操作メニューを表示する

❶ **発表を停止**ボタンを
クリック

②▶ 共有が停止された

ウィンドウ共有時は、目的の画面が共有されているか常に確認する。

ウィンドウを共有する場合は、ウィンドウの操作中に出てきた新しいウィンドウは、共有されません。複数のアプリや、新しい画面が表示されるアプリケーションを共有したいときは、ウィンドウではなく画面そのものを共有するようにしましょう。
他の操作を並行して行いたい場合などは、別のディスプレイを購入し、パソコンに接続することも検討すると良いでしょう。

ビデオ会議のその他の機能を使ってみよう

発言したいことがあることを他の参加者に知らせるには?

LEVEL ●─○─○─○─○

ビデオ会議で発言したいことがあるときは、どうすればいいでしょうか？ビデオ会議では、みんなの声がスピーカーから聞こえるため、同時に多くの人が話すと声が聞き取れなくなってしまいます。そんな場合に対応する機能として手を挙げる機能があります。ここで使い方を確認しましょう。

ビデオ会議中に手を挙げるには

Hint　手を挙げたことは主催者に表示される

手を挙げたことは、会議主催者のTeamsの画面に表示されます

▲手を挙げた人の名前が表示される

1 ▶ **手を挙げる機能を使う**

通常の会議の挙手に相当する機能が備わっています

❶ 手を挙げるボタンをクリック

2 ▶ **画面上で手を挙げた**

❶ 手を挙げたことが画面に表示された

① ▶ 手を下げる

① **手を下げる**ボタンをクリック

② ▶ 手が下がった

手のアイコンの色が変わって手を下ろした状態になった

 事前に「手を挙げたらどうするか」を決めておくことも忘れずに

次のsectionで紹介する会議チャットと違い、手を挙げる機能は、簡単に操作できる反面、それがなにを意図しているのか分かりづらいという問題もあります。
事前に「手を挙げたらどうするか」を、会議の参加者同士で決めておくとよいでしょう。

他人が上げている手を下げさせる

他人が上げている手は、参加者一覧より下げさせることが可能です。

▲「参加者を表示」をクリックして参加者一覧を開く

▲マウスを参加者の名前に合わせるとオプションを表示されるので「その他のオプション」をクリック

▲「手を下ろす」をクリックすると手のアイコンの色が変わり手を下ろした状態になる

▲「参加者を非表示」をクリックして参加者一覧を閉じる

section 16

会議チャットを使用するには?

LEVEL ●━●━○━○━○

ビデオ会議では、手を挙げる他にも、声を使わない意志表明の方法があります。ビデオ会議中の会議チャット機能を使えば、ビデオ会議中でも文章で意志を伝えることができます。Webサイトのアドレスや電話番号など、口頭で伝えるのが困難な情報を伝える際にも使えます。

キーワード
- ■ ビデオ会議
- ■ 声を使わない意志表明
- ■ チャット

3

ビデオ会議機能を使う

会議チャットを利用する

Onepoint 他の参加者にも、会議チャットが投稿されたことが表示される

他の会議参加者には、会話の表示ボタンの上に丸が付き、会議チャットが投稿されたことが分かります。

▲会議チャットが投稿されたことを示すバッジが表示される

①▶ 会議チャットを開く

❶ **会話の表示**ボタンをクリック

会議チャットのパネルが表示されます

②▶ 会議チャットが開いた

会議チャットのパネルが開いた

③ 会議チャットに投稿を行う

❶ **返信欄にテキストを**入力

❷ **紙飛行機アイコン**ボタンをクリック

④ テキストが追加された

テキストが表示された

🔍 Hint テキスト入力の方法はチームでの文章入力と一緒

テキスト入力の方法は2章で説明したチーム画面での文章入力と一緒です。ファイルの添付や書式を設定することもできます。

📝 Memo ビデオ会議終了後にもチャットは確認できる

ビデオ会議終了後でも、会議チャットに書き込んだ内容はビデオ会議を行ったチャネルで確認をすることができます。

⑤ 会議チャットを閉じるには

❶ **会話の表示**ボタンをクリック

会議チャットのパネルが消えた

section 17

ビデオ会議の背景効果機能を使ってみよう

背景に見せられないものがある環境で
ビデオ会議を行うには？

LEVEL ●●●○○

キーワード
- ビデオ会議
- 仮想背景
- 背景ぼかし

Teamsのビデオ会議には、背景効果という機能があります。カメラに映っている映像から、人を自動的に認識し、それ以外をぼかしたり、好きな背景で隠すことができる機能です。これらを使えば、背景に見せられないもの・見せがたいものがある状況でも、気軽にビデオ会議を行うことができます。

3

ビデオ会議機能を使う

背景効果を表示する

Onepoint

Web版では背景効果が使用できない

Webブラウザ上で直接Teamsの画面を表示した場合、背景効果を使用することはできません。

1 ▶ その他の操作メニューを開く

❶ **その他の操作**ボタンをクリック

2 ▶ 背景効果を表示する

❶ **背景効果を表示する**メニューを選択

③▶ 背景効果を選ぶ

クリックすると背景を
ぼかすことができます

❶ 背景をクリック

適用ボタンをクリック
するまで適用されませ
ん

❷ **適用**ボタンをクリッ
ク

④▶ 背景効果が設定された

選択した背景をバック
に表示された

⑤▶ 背景の設定をなくすには

✕ボタンをクリック

💡 Onepoint　オリジナルの背景画像を使いたい　**17**

あらかじめ用意した背景画像を背景効果
に使いたい場合は、「新規追加」をクリッ
クします。

▲背景画像を選択

▲任意のファイルを選択し、[開く] ボタ
ンをクリックする

▲選択した画像が背景
一覧に追加される

ビデオ会議のその他の機能を使ってみよう

参加者の一覧を確認するには?

キーワード
■ ビデオ会議
■ 参加者リスト
■ ピン留め

LEVEL ●━●━○━○━○

Teamsのビデオ会議には、現在参加している人を確認するための参加者リストがあります。これを確認すれば今どのような人が会議に参加しているのかを確認することができます。その他この画面では、自分以外の参加者に対する操作も行えます。見ていきましょう。

参加者一覧を確認する

① 参加者一覧の表示・非表示を切り替える

会議を自分が開始した場合など参加者一覧は最初から表示されている場合もあります

❶ **参加者を表示 (非表示)** ボタンをクリック

参加者一覧の表示と非表示が切り替わります

② 参加をリクエストする

🔍 参加を依頼された側の表示
Hint

参加を依頼された側には、Teamsの画面右下に呼び出し画面が表示されます。

▲参加を依頼された

オプションはマウスを非参加者の名前に合わせると表示されます

❶ 参加者の名前の右にある **参加をリクエスト** をクリック

① 参加者のオプションを表示する

オプションはマウスを参加者の名前に合わせると表示されます

❶ その他のオプションをクリック

このメニューに限らず、リスト項目上などの…はクリックするとその項目に関するメニューが表示されることを示す印です。
見つけたらクリックしてみましょう。

▲クリックするとメニューが表示されるボタンの例

② 参加者をピン留めする

❶ ピン留めするをクリック

③ 参加者がピン留めされた

ピン留めした参加者のビデオは常に大きく表示されるようになります

ピン留めを解除する

3

ビデオ会議機能を使う

Hint …はメニューの印

このメニューに限らず、リスト項目上などの…はクリックするとその項目に関するメニューが表示されることを示す印です。
見つけたらクリックしてみましょう。

▲クリックするとメニューが表示されるボタンの例

① ▶ 参加者のオプションを表示する

❶ **その他のオプション**をクリック

② ▶ ピン留めを解除する

❶ **ピンを外す**をクリック

③ ▶ ピン留めが解除された

他の参加者をミュートにする

①▶ 参加者のオプションを表示する

❶ その他のオプ
ションをクリック

**ミュートはミュートされた本人し
か解除できない**

この機能を使ってミュートをしても、
ミュートの解除はミュートされた本人に
しかできません。会議参加者が来客対応
などで離席してしまったが、ミュートを
し忘れていたなどの場合に利用するとよ
いでしょう。

②▶ 参加者をミュートする

❶ 参加者をミュー
トをクリック

③▶ 参加者がミュートされた

会議の内容を映像として記録しよう

会議を録画するには?

LEVEL ●—●—●—○—○

キーワード
- ■ ビデオ会議
- ■ レコーディング
- ■ 動画

Teamsのビデオ会議では、会議の内容を録画することができます。この録画は、Teams内の領域に保存され、後で振り返って映像を見ることができます。参加者の会議内容振り返りの他、参加できなかった社員が会議の内容を確認するのにも、役立ちます。

3

ビデオ会議機能を使う

レコーディングを開始する

Hint 録画は操作を行わないと開始されない

録画は当然ながらこの操作を行わない限り開始されません。
録画を行うかどうかは、会議を開始する段階で明確に決めておくと良いでしょう。

①▶ その他の操作メニューを開く

❶ その他の操作ボタンをクリック

②▶ レコーディング開始する

❶ レコーディングを開始ボタンをクリック

③ レコーディングが開始された

レコーディングを知らせるメッセージが表示された

 会議の録画

会議の録画は、2020年10月現在、Streamという領域かTeams上のファイル領域に保存されます。
今後Teams上のファイル領域に統一される予定です。

レコーディングを停止する

① その他の操作メニューを開く

❶ その他の操作ボタンをクリック

② レコーディングを停止する

❶ レコーディングを停止ボタンをクリック

レコーディングが停止されます

レコーディングした動画が見られない

レコーディングした動画は、見られるようになるまでに数分〜1時間程度の時間がかかります。

③ レコーディング停止確認に応答する

レコーディングの停止を確認メッセージが表示された

❶ レコーディングの停止ボタンをクリック

レコーディングが停止されます

④ レコーディングが停止された

録画した映像を確認する

① 録画を表示する

❶ 再生する動画をクリック

② 録画が表示された

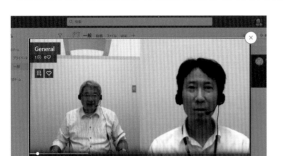

会議の録画は、2020年10月現在、Stream
という領域かTeams上のファイル領域
に保存されます。
今後Teams上のファイル領域に統一さ
れる予定です。

③ 途中を飛ばすには

任意の位置をクリックす
ることで途中開始の位
置を選択できます

ここをクリックすると一
時停止し再度クリックす
ると再開します

④ 再生を終了する

✕をクリックすれば終了
できます

section
20

会議の日程を予定してみよう

会議を予定する

LEVEL ●━━●━━●━━○━━○

Teamsのビデオ会議では、予定表を使って会議を予定することができます。会議を事前に予定することで、関わる人にあらかじめいつ何時に会議を行うかを社員に知らせることができます。

会議の時間調整も行えますので、活用するとよいでしょう。

キーワード
■ ビデオ会議
■ 予定表
■ 会議の予定

3

ビデオ会議機能を使う

予定を追加する

会議の参加依頼

会議はカレンダー上に表示される他、会議参加者のメールボックスにリマインダーが送付されます。

① 予定表を開く

❶ アプリバーの**予定表**をクリック

予定表を開く
Shortcut

デスクトップ版
[Ctrl] + [4] キー
ブラウザ版
[Ctrl] + [Shift] + [4] キー

② 新しい会議予定を追加する

❶ **新しい会議**をクリック

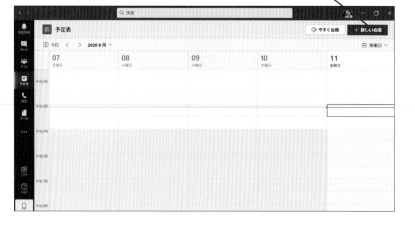

③▶ 会議の詳細を指定する

会議のチャネルを設定する 20

会議の詳細にあるチャネルに既存のチャネルを指定することで、チャネルのワークスペースに会議を表示することができます。

❶ 会議のタイトルを指定日時などの情報を入力

会議予定の入力を取りやめる場合は**閉じる**ボタンをクリックします

❷ 登録するので**保存**ボタンをクリック

④▶ 会議予定が追加された

前のステップで入力した予定が登録された

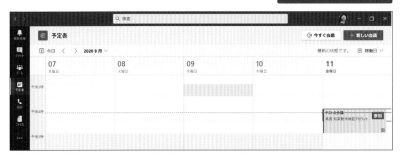

予定されている会議に参加する

①▶ 会議に参加する

会議時間以外や会議が終了後はボタンが表示されません

❶ **参加**ボタンをクリック

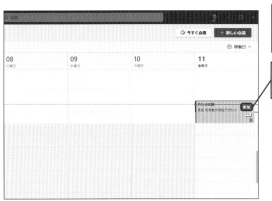

Q&A よくある質問と回答

 Q 背景を変えるときにはグリーンバックが必要と聞いたが、必要ないのか？

 A Teamsの仮装背景機能はグリーンバック不要です。

背景合成には、背景に緑色のカーテンなど「グリーンバック」（クロマキーバックとも呼ぶ）が必要と思っている人もいると思います。しかし、Teamsの仮装背景機能はグリーンバックが不要で、事前準備なしでも背景のぼかしや仮装背景を使えます。

 Q 急に家族に呼ばれた場合など、会議に関係ない会話をするときにはどうすればいい？

 A マイクオフやビデオオフを活用しましょう。

ビデオ会議中の操作バーでは、自分自身のマイクオン・オフを切り替えることができます。会議の内容と関係ない話しをするときは、マイクオフを活用しましょう。他の人がしゃべっている間は常にマイクをオフにし、発言があるときだけマイクをオンにするのもよいでしょう。

 Q ビデオ会議を行う際に気をつけるべきことは？

 A 会議に参加するパソコンのインターネット環境、マイクやスピーカー、カメラの方向に気をつけましょう

ビデオ会議では、常にインターネットと大量のデータのやりとりを行うこととなります。そのため、ビデオ会議の際は、インターネットの環境が安定していることを確認しましょう。また、マイクやスピーカー、カメラの方向、明かりの当たり具合なども気にしておくとよいでしょう。どうしても通信環境が安定しない場合は、スマートフォンのアクセスポイント機能（テザリング機能）などを活用するのも手です。

▲ビデオやマイクのオン・オフ切り替えボタン

練 習 問 題

この章の解説を参考にして、以下の問題に挑戦してみましょう。

問題 1　ビデオ会議の開始

今すぐビデオ会議を開始してみましょう。

HINT ビデオ会議を開始するには、チャネル上部のボタンをクリックします。

問題 2　会議チャットへの投稿

会議チャットに「こんにちは」と投稿してみましょう。

HINT 会議チャットは、ビデオ会議中の操作バーから表示することができます。

問題 3　仮想背景を使用する

仮装背景を使用してみましょう。

HINT 仮装背景を有効にするには、[背景効果を表示する] メニューをクリックします。

問題 4　会議予定の追加

来週の土曜日に、会議を予定してみましょう。

HINT 予定表より、会議を追加できます。

解答は次のページ

解答

練習問題は解けましたか。以下の解答例と照らし合わせてみましょう。

解答 1 参照：section13

❶**会議**をクリック
❷次の画面で**今すぐ会議**をクリック

解答 2 参照：section16

❶**会話の表示**をクリック
❷文章を入力する
❸**紙飛行機のボタン**をクリック

解答 3 参照：section17

❶**背景効果を表示する**メニューを選択する
❷背景を非表示にせず、ぼかす場合は右上の項目を
　クリック
❸背景をあらかじめ用意された画像に差し替える場
　合はクリック
❹背景効果をなくす場合はクリック
❺効果を設定後**適用**をクリック

解答 4 参照：section20

❶**予定表**をクリック
❷**新しい会議**をクリック
❸次の画面で会議予定を入力する
❹予定を入力しても表示されない場合は、上部の**稼
　働日**ボタンをクリックして**週**の表示に切り替えて
　みましょう

自分達のチームを作る

管理者が許可をしている環境であれば、チームを自分で
作ることができます。チームはチャネルと違って参加者
を自分で規定することができます。たとえば特定の企画
に関わる人や特定の役割の人たちだけが集まるチームな
どを作ることができます。チームにはチャネルとは違う
特徴が多くあります。チームの作り方についても覚えて
おきましょう。

section 21

チームを作るには？

LEVEL ●●○○○

まずはチームの作成方法を見ていきましょう。社員にチームの作成が許可されている場合、独自のチームを作ることが可能です。チームを作成した人はチームの作成者となり、編集や管理が可能です。

4

自分達のチームを作る

チームを作成する

 Memo
チームに参加またはチームを作成ボタンが表示されない

該当のボタンが表示されない、または、ボタンがある場所に [チームを管理] と表示されている場合は、利用者にチームの作成が許可されていない状態です。管理者にお問い合わせください。

Shortcut
チームを開く

デスクトップ版
[Ctrl] + [3] キー
ブラウザ版
[Ctrl] + [Shift] + [3] キー

① 「チーム」画面を開く

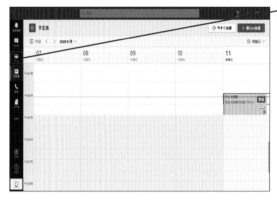

❶ チームをクリック

② チーム画面に変わった

❶ チームに参加、またはチームを作成をクリック

③ 「チーム作成」をクリックする

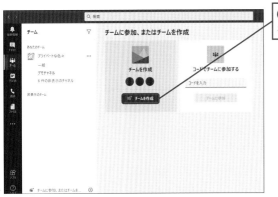

❶ **チームを作成**ボタンをクリック

Hint

[チームを作成] ボタンがないとき

21

画面が切り替わっても [チームを作成] ボタンが表示されない場合があります。そのときは、「チームを作成」の画像にマウスを合わせると [チームを作成] ボタンが表示されます。

④ チーム作成の方法を選択する

❶ **初めからチームを作成する**をクリック

Hint

チームとは

チームを作成画面の下に表示された「チームとはなんですか?」をクリックするとWebブラウザが開いてMicrosoftの解説ページが表示されます。チームとチャネルの違いを知ることができます。

Memo

「チームの種類」とは

チームの種類とは「他の社員が、そのチームに参加できるかどうか」を示しています。このページの解説では「パブリック」を選んでいるので、組織内のだれでも参加することができます。

種類	特徴や違い
プライベート	あらかじめ指定した人や招待した人以外はチームに参加することはできません。
パブリック	チーム参加・作成画面からだれでも参加することができます。
組織全体	組織内すべての人が自動的にこのチームに参加します(Teamsの管理者以外しか作成できません)。

⑤ チームの種類を選択する

❶ 作りたいチームの種類に該当するものをクリック

ここでは**パブリック**を選択しています

Memo チームの説明文

チームの説明文は、チーム外のメンバーがチームに参加する際に、チーム名の下に表示されます。

▲チームの説明文

Memo チームへの追加は[追加]ボタンを押さないと有効にならない

チームにメンバーを追加する場合、[追加]ボタンを押してはじめてチームに追加されます。

メンバーが一人以上追加されていると、画面右下の[スキップ]ボタンが[閉じる]という表記に変わります。

▲チームメンバーの追加

④ チーム名を設定する

❶ **チーム名**を入力

ここでは「テストチーム」と入力しています

必要であれば説明文を入力します

⑤ チームを作成する

チーム名が入力されたので**作成**ボタンが表示された

❶ **作成**ボタンをクリック

⑥ チームの参加者を指名する

スキップする（ここでは参加者の指名を行わない）ことも可能です

❶ 参加させたい社員の**社内メールアドレス**を入力

❷ 次に進むときは**スキップ**または**閉じる**をクリック

自分達のチームを作る

4

⑦ ▶ チームの作成が完了した

チームを編集する

① ▶ チームのオプションを表示する

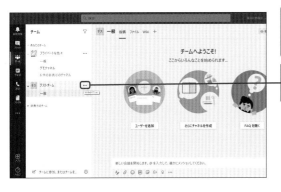

> チームの名前にマウス
> カーソルを合わせると
> ボタンが表示されます

> ❶ **その他のオプション**
> をクリック

Memo **チームのオプション**

チームのオプションメニューからはチームに関する様々な操作を行うことができます。
使用方法については本章のこれ以降のページで触れていますので、ご確認ください。

② ▶ チームの編集をクリックする

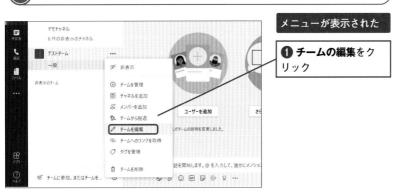

> メニューが表示された

> ❶ **チームの編集**をク
> リック

✏️ チーム名に使える文字
Memo

チーム名に使える文字には特に制限はありません。文字数にも製薬はありません。
ただし、Teamsアプリのチームバー画面に入りきらない名前は省略されますので、短めの名前をつけると良いでしょう。

▲名前が省略表示されている

③ ▶ チームの名称を決める

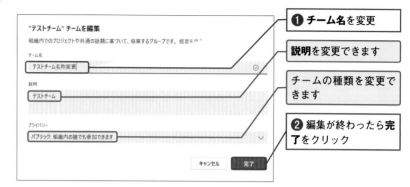

❶ **チーム名**を変更

説明を変更できます

チームの種類を変更できます

❷ 編集が終わったら**完了**をクリック

④ ▶ チームの名称が変わった

チームを削除する

① ▶ チームのオプションを表示

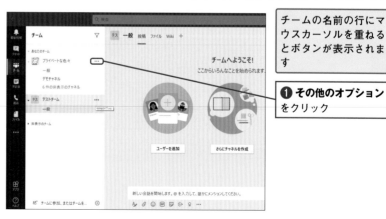

チームの名前の行にマウスカーソルを重ねるとボタンが表示されます

❶ **その他のオプション**をクリック

② チームの削除をクリック

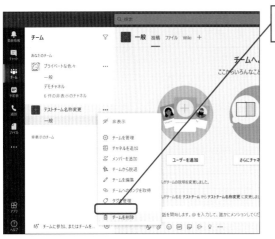

❶ **チームの削除**をクリック
ック

💡 削除したチームは即座に完全削除される

21

Teamsのチャネルや投稿など、多くのものは削除してもすぐに削除されることはありませんが、チームに限っては、ステップ③にも記載の通り、ただちに削除されます。

本当にそのチームはもう不要なのか、とりだし忘れたファイルはないか確認しましょう。

もし不安な場合は、チームの削除ではなく非表示を検討しましょう。

③ 削除の確認を行う

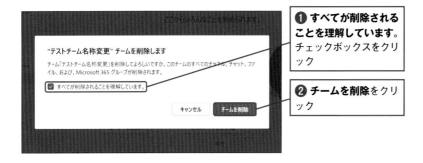

❶ **すべてが削除されることを理解しています。** チェックボックスをクリック

❷ **チームを削除**をクリック
ック

④ チームが削除された

テストチームが削除された

97

チームの管理画面の見方を覚えよう

チームの管理を行うには？

LEVEL ●●●○

自分が所有者のチームでは、チームの管理を行うことができます。チームの管理画面ではチームメンバー全員の確認の他、チャネルの一覧や利用状況の確認、メンバーの利用制限などが行えます。ここでは、その一部の機能を紹介しましょう。

チームの管理画面を開く

①▶「チーム」画面を表示する

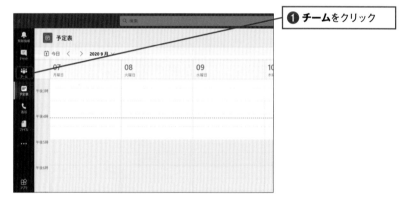

❶ チームをクリック

Hint

[その他のオプション] が見当たらない

[その他のオプション] が表示されていない場合、「チームの名前」行にマウスカーソルを重ねると [その他のオプション] ボタンが表示されます。

②▶チームのオプションを表示する

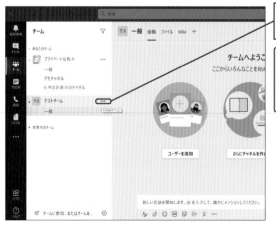

❶ その他のオプションをクリック

その他のオプションが見つからないときはHintを参照してください

③ ▶ チームを管理の画面を開く

その他のオプションの
メニューが表示された

❶ **チームを管理**をク
リック

✎ **チームの管理が行えるのはチー
Memo ムの所有者のみ**

表題の通りチームの管理はチームの所
有者にしか行えません。
そのため、チームの所有者以外にはこの
メニューが表示されないか、管理できる
項目が本書の通りでない場合がありま
す。

④ ▶ チームの管理画面が開いた

チームが複数ある場合
はチームを間違えてい
ないか確認してくださ
い

正しければチームの画
像を変更してみましょ
う

チームの画像を変更する

① ▶ [設定] タブを開く

❶ **設定**タブをクリック

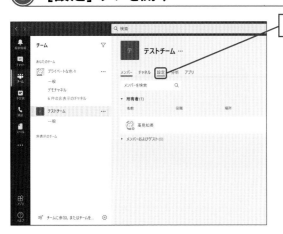

Hint

チーム画像に使用できる画像

チームの画像には、JPEG形式、GIF形式、PNG形式の画像が使用できます。正方形でない画像は自動的に切り抜かれて設定されますので、なるべく正方形に近い画像を使用しましょう。

②「設定」タブの画面が表示された

チームの画像を開いてみましょう

❶ **チームの画像**をクリック

③「画像の変更」をクリックする

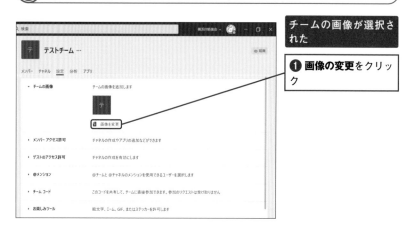

チームの画像が選択された

❶ **画像の変更**をクリック

④「画像の変更」の画面が表示された

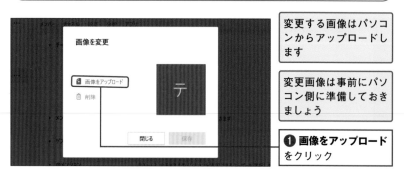

変更する画像はパソコンからアップロードします

変更画像は事前にパソコン側に準備しておきましょう

❶ **画像をアップロード**をクリック

⑤▶「画像の選択」画面が表示された

チーム画像を削除するときは、削除ボタンをクリックします。

▲ [削除] ボタンをクリックすればチーム画像が削除されます

⑥▶新しい画像を選択する

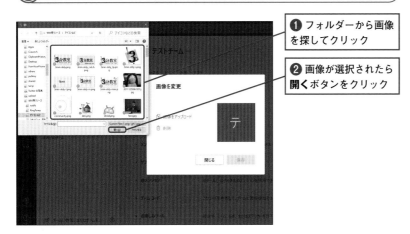

❶ フォルダーから画像を探してクリック

❷ 画像が選択されたら**開く**ボタンをクリック

⑦▶画像を保存する

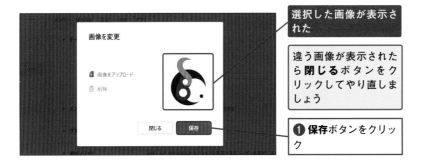

選択した画像が表示された

違う画像が表示されたら**閉じる**ボタンをクリックしてやり直しましょう

❶ **保存**ボタンをクリック

⑧▶ 画像が更新された

新しい画像がアップ
ロードされて更新され
た

これで画像の変更は完
了です

❶ 閉じるボタンをク
リック

⑨▶ 画像が変更された

チームの画面でも新し
い画像が表示された

第三者を招待するコードを生成する

チームコードの使い方
Hint

チームコードは、チーム内にいない組織
のメンバーをチームに加えるときに必要
になります。
追加方法はsection23で解説していま
す。

①▶ [設定] タブを開く

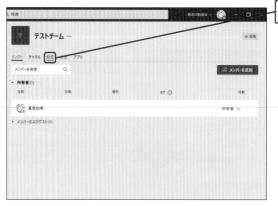

❶ 設定タブをクリック

② ▶ チームコードを開く

別のチームに参加する権限が与えられていない場合は、チームに参加ノボタンが表示されません。
管理者にご確認ください。

設定タブの画面に切り替わった

❶ チームコードをクリック

③ ▶ チームコードが選択された

チームコードに生成ボタンが表示された

❶ 生成ボタンをクリック

④ ▶ チームコードが生成された

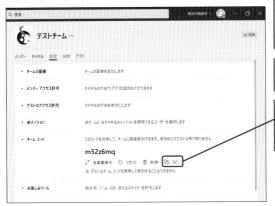

このコードを使うことで他の社員がチームに参加できます

ここをクリックすると再発行ができます

❶ クリップボードにコピーするのでコピーをクリック

他の社員が作ったチームに参加しよう

チームに参加するには？

LEVEL ●●●○○

他の社員が作成したチームがある場合、それ以外の人は、チームに参加することも可能です。チームへの参加は、参加可能なチーム一覧から参加する方法と、コードを使って参加する方法があります。その両方の操作方法を確認していきましょう。

キーワード
■ チームへの参加
■ チームからの脱退
■ チームコード

4

自分達のチームを作る

チームに参加する

[チームに参加、またはチームを作成] ボタンが見当たらない
Hint

別のチームに参加する権限が与えられていない場合は、チームに参加ノボタンが表示されません。管理者にご確認ください。

チームを開く
Shortcut

デスクトップ版
[Ctrl]＋[3] キー
ブラウザ版
[Ctrl]＋[Shift]＋[3] キー

①▶「チーム」画面を表示する

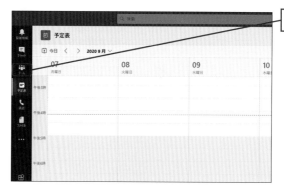

❶ チームをクリック

②▶「チーム」画面になった

❶ チームに参加、またはチームを作成をクリック

③ ▶ チームに参加、またはチームを作成画面が表示された

参加するチームを探します

参加したいチーム名が表示されていた
Hint

目的のチーム名が表示されている場合は
そのチーム名をクリックします。検索の
必要はありません。

コードを使ってチームに参加する
Onepoint

section22で解説したチームコードを利
用して、チームに参加することも可能で
す。チームコードを使えば、プライベー
トチームへの参加も可能です。

▲チーム管理者から伝えられたチーム
コードを入力して[チームに参加]ボタン
をクリック

▲チームが開けた

④ ▶ 参加したいチームが見つからない

参加したいチームが表示されないので検索します

❶ **チームを検索**にチーム名を入力

ここでは例として「テストチーム」と入力しています

⑤ ▶ チームに参加する

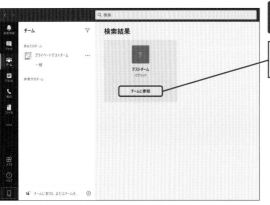

検索したテストチームが表示された

❶ **チームに参加**ボタンをクリック

[チームに参加]ボタンが表示されない
Hint

[チームに参加]ボタンが表示されない
場合は、チームの枠にマウスカーソルを
重ねると[チームに参加]ボタンボタン
が表示されます。

⑥ チーム参加の処理が完了した

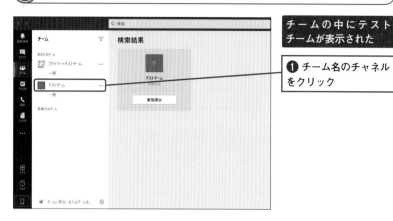

チームの中にテスト
チームが表示された

❶ チーム名のチャネル
をクリック

⑦ チームのチャネルが表示された

テストチームに参加で
きた

参加したチームから脱退する

Memo 脱退したチームへの再加入

チームから脱退しても、再度チームに参
加することが可能です。
再度参加したいチームがプライベート
チームであった場合は、所有者より再度
チームコードを入手する必要がありま
す。

① チームのオプションを表示する

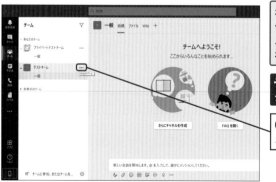

ボタンが見えない場合
チームの名前の行にマウ
スカーソルを合わせると
ボタンが表示されます

その他のオプションボ
タンが表示された

❶ その他のオプション
ボタンをクリック

② その他のオプションのメニューが表示された

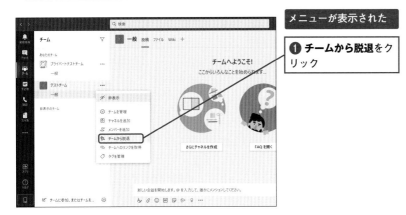

メニューが表示された

❶ **チームから脱退**をクリック

③ 確認の画面が表示された

表示されたメッセージを確認して脱退するチームであることを確認します

違うチームや脱退をやめるときは**キャンセル**ボタンをクリックします

❶ **チームから脱退**ボタンをクリック

Memo 所有者が自分しかいない場合は、チームを脱退できない

チームの所有者が自分一人しかいない場合は、チームを脱退できません。
管理画面より他のメンバーを所有者に任命する必要があります。

④ テストチームの表示が消えた

チームから脱退できた

よくある質問と回答

チームとチャネル、どのように使い分ければよい？

Microsoftでは部署ごとにチームを作成し、プロジェクトごとにチャネルを作成する手法を紹介しています。

　Microsoftでは、「部署ごとにチームを作成」し「プロジェクトごとにチャネルを作成する」という手法を紹介しています。もちろんそれ以外の方法チームやチャネルを使っても問題ありませんが、参考にしてみてください。

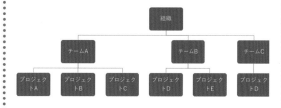

https://docs.microsoft.com/ja-jp/microsoftteams/teams-channels-overview

管理画面で設定タブが表示されない

チームの所有者でない場合、設定タブは表示されません。

　チームの所有者でない場合は、チームの管理画面は表示できても [設定] タブを表示することはできません。ただし、チームの所有者が許可している場合、他のタブを利用することができます。

▲ [設定] タブが表示されていない

チームからの脱退ができない

チームの所有者がチームを脱退することはできません。他のメンバーを所有者に指名する必要があります。

　チームの所有者が1人しかいない場合、その人はチームを脱退することはできません。他のメンバーを所有者に指定するなど、自分以外に所有者がいる状態にする必要があります（管理画面からメンバーの役割を変更可能です）。

練習問題

このChapterの解説を参考にして、以下の問題に挑戦してみましょう。

問題 1 チームの作成

「テストチーム」というチームを作成してみましょう。

HINT : チームは［チームに参加、またはチームを作成］から作成できます（権限がない場合は作成できません）。

問題 2 チームの削除

自分で作成したチームを削除してみましょう。

HINT : 削除はチームの［その他のオプション］から行います

問題 3 チームへの参加

他の社員が作成したチームに参加してみましょう。

HINT : チームには［チームに参加、またはチームを作成］から参加できます。

問題 4 チームからの脱退

参加したチームから脱退しましょう。

HINT : 脱退はチームの［その他のオプション］から行います。

解答は次のページ

 練習問題は解けましたか。以下の解答例と照らし合わせてみましょう。

解答 1 参照：section21

❶ [チームに参加、またはチームを作成] をクリック
❷ [チームを作成] をクリック

解答 3 参照：section23

❶ [チームに参加、またはチームを作成] をクリック
❷ チーム名が表示されていたらクリック
❸ ない場合は [チームを検索] 欄に名前を入力
❹ 一覧に出てきたチーム名より [チームに参加] ボタンをクリック

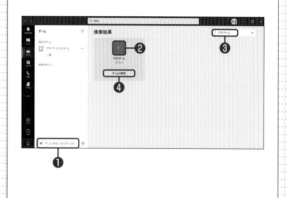

解答 2 参照：section21

❶ [その他のオプション] をクリック
❷ [チームの削除] をクリック

解答 4 参照：section23

❶ [その他のオプション] をクリック
❷ [チームから脱退] メニューをクリック

オンラインストレージを使う

Teamsには、組織で利用できるインターネット上の「ファイル領域」(ストレージ) があります。このファイル領域は容量が「1TB＋(社員数×10GB)」を基準として、最大で25TBまでの容量が確保できる非常に大きなデータ保存領域です。このファイル領域には画像や書類など、さまざまなファイルを自由に保存し共有できます。

ファイル領域の基本的な使い方を覚えよう

Teamsのファイル領域にファイルを保存するには?

キーワード
- チャネル
- ファイル
- アップロード

LEVEL ●━━●━━●━━○━━○

Teamsのファイル領域の開き方とファイルの保存方法について見ていきましょう。Teamsのファイル領域はパソコンのフォルダーと同じように扱うことができます。チャネルごとに別々の領域が作成されるため、必要なファイルを見失いにくいのが特徴です。

ファイルをアップロードする

5

オンラインストレージを使う

①▶ ファイル領域を開く

❶ **ファイル**タブをクリック

 アップロード先のチャネルを確認しよう

ファイルはチャネルごとのフォルダに投稿されます。
間違ったチャネルにアップロードすることがないよう、ファイルのアップロード時には投稿先のチャネルをよく確認しましょう。

②▶ ファイルをアップロードする

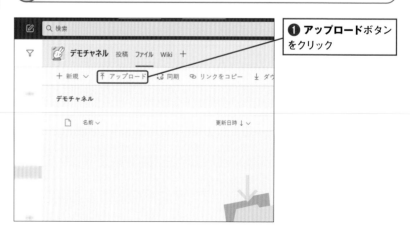

❶ **アップロード**ボタンをクリック

④ ▶ アップロードするファイルを選択する

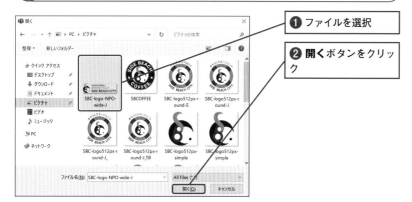

❶ ファイルを選択

❷ **開く**ボタンをクリック

⑤ ▶ ファイルがアップロードされた

Memo アップロード可能なファイルの種類

アップロードできるファイルの種類に特に制限はありません

ファイルを新規作成する

① ▶ 新規メニューを開く

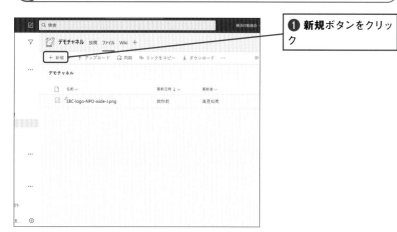

❶ **新規**ボタンをクリック

② ▶ 作成したいファイルの種類を選択する

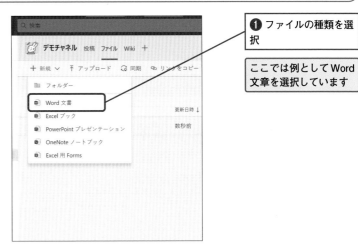

❶ ファイルの種類を選択

ここでは例として Word 文章を選択しています

Hint

ファイル名に使用できない文字

パソコン上のファイルと同様、ファイル名には「: # % * : < > ? / |」といった文字は使用できません。

▲ファイル名に使用できない文字を使用しようとした

Word Online でできること

Word Onlineは、インターネットサービスとして利用できる簡易的なWordアプリケーションです。インターネットブラウザ上で直接試用することも可能です。
このアプリケーションはパソコン用のOfficeをインストールしていなくても使えるため便利ですが、一部の高度な書式設定が行えない、高度な書式設定を行っているWordファイルのレイアウトが崩れることがあるなど、機能制限があります。
また、TeamsやOneDriveなどに配置されていない、ファイルを開いたり、編集することはできません。

③ ▶ ファイル名を指定する

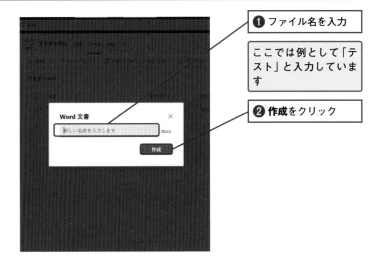

❶ ファイル名を入力

ここでは例として「テスト」と入力しています

❷ **作成**をクリック

④ ▶ ファイルが作成された

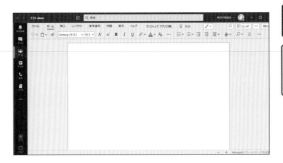

Wordファイルが作成された

Teamsが搭載する**Word Online**でファイルを開くことができます

24

⑤ ▶ ファイルを閉じる

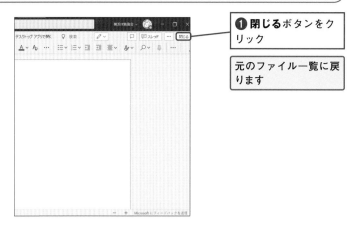

❶ **閉じる**ボタンをクリック

元のファイル一覧に戻ります

ファイルをダウンロードする

① ▶ オプションを表示する

ファイル名の行にマウスカーソルを合わせると、**オプションの表示**ボタンが表示されます

❶ **オプションの表示**をクリック

② ▶ ダウンロードする

❶ **ダウンロード**をクリック

ファイルのダウンロードが開始されます

Memo ダウンロードされたファイルはどこに保存される?

ダウンロードが開始されるとパソコンの画面右下に通知が表示されます。

▲ダウンロード通知

▲ダウンロードされたファイルは、初期設定ではパソコンのダウンロードフォルダーに保存されます。

115

ファイルの削除や名称変更、フォルダーの作成方法を覚えよう

ファイル領域のファイルを整理するには？

キーワード
- 削除
- 名前の変更
- フォルダーの作成

LEVEL ●●●○○

パソコンのファイルと同様、Teamsに保存したファイルは、フォルダーによる整理が可能です。削除や名前変更、移動やコピーなど、さまざまな操作も、パソコンのファイルと同様に行うことができます。これらの機能を使って、ファイルを整理していきましょう。

フォルダーを作る

①▶ 新規メニューを開く

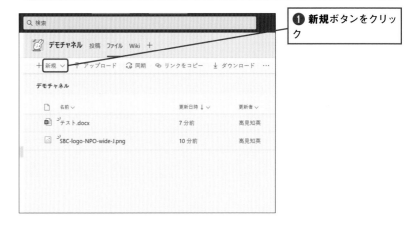

❶ **新規**ボタンをクリック

Memo フォルダーの中にフォルダーを作成することも可能

パソコンと同様、フォルダーの中にフォルダーを作ることで、階層構造を作ることも可能です。

②▶ フォルダーの作成を行う

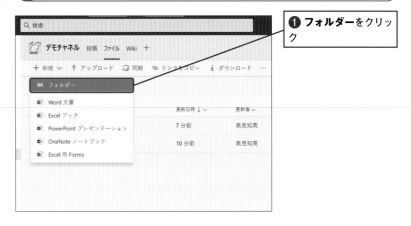

❶ **フォルダー**をクリック

③ フォルダーの名前を指定する

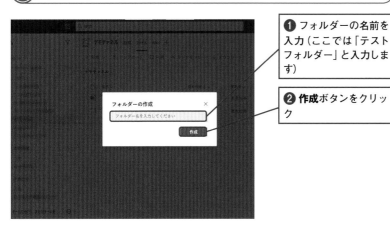

❶ フォルダーの名前を
入力（ここでは「テスト
フォルダー」と入力しま
す）

❷ **作成**ボタンをクリッ
ク

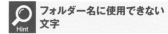

フォルダー名に使用できない
文字

パソコン上のフォルダーと同様、フォル
ダー名には「: # % * : < > ? / |」といっ
た文字は使用できません

▲フォルダー名に使用できない文字を
使用しようとした

④ フォルダーが作成された

テストフォルダーがで
きた

ファイルやフォルダーの名前を変更する

① オプションを表示する

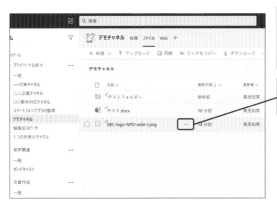

ファイル名の行にマウ
スカーソルを合わせる
と、**オプションの表示**
ボタンが表示されます

❶ **オプションの表示**タ
ブをクリック

② ▶ 名前の変更をクリック

❶ **名前の変更**をクリック
ク

フォルダー名に使用できない
文字

パソコン上のフォルダーと同様、フォルダー名には「: # % * : < > ? / |」といった文字は使用できません

▲ファイル名に使用できない文字を使用しようとした

③ ▶ 新しいファイルの名称を入力する

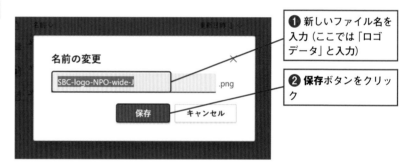

❶ **新しいファイル名**を
入力（ここでは「ロゴ
データ」と入力）

❷ **保存**ボタンをクリック
ク

④ ▶ 名前が変更された

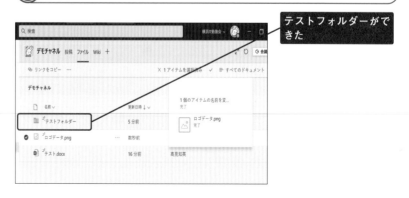

テストフォルダーがで
きた

① オプションを表示する

❶ **オプションの表示**を
クリック

Memo　オプションの項目

ファイルのオプション [⋯] をクリック
すると開くメニューの内容です。

メニュー項目	動作
開く	このファイルを開くことができます。
リンクをコピー	このファイルのURLをコピーできます。
これをタブで開く	このファイルを別のタブで開きます。
ダウンロード	パソコンにファイルをダウンロードできます。
削除	このファイルを削除できます。
上部に固定	ファイルが上部に固定されます。詳しくは章末のQ&Aを参照
名前の変更	このファイルの名前を変更できます
SharePointで開く	SharePointでこのファイルを開くことができます。
移動	このファイルを移動できます。
コピー	このファイルをコピーできます。
その他	チェックアウトを選択できます。

② 削除を行う

❶ **削除**をクリック

③ 削除の確認

❶ 問題がなければ**はい
ボタン**をクリック

④ ▶ ファイルが削除された

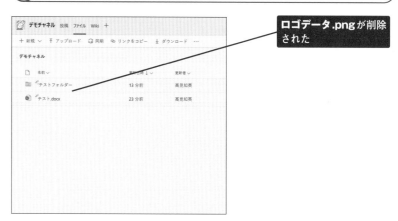

ロゴデータ.png が削除された

ファイルの移動・コピーを行う

移動とコピーの違い

パソコンのファイル操作と同様で移動は「ファイルを移動」、コピーは「移動先にファイルを複製」します。

名称	動作
移動	移動元のファイルは削除され、移動先にファイルが作成される
コピー	移動元のファイルは削除されず、移動先にもファイルが作成される

① ▶ オプションを表示する

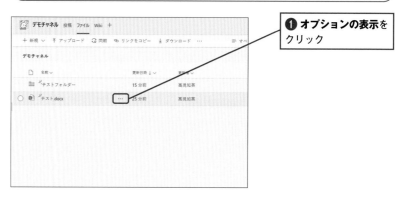

❶ **オプションの表示を**クリック

② ▶ 移動またはコピーを行う

❶ **移動をクリック**

ここでは例として**移動**していますが**コピー**の操作手順も同じです

<!-- 側注 -->
5

オンラインストレージを使う

③▶ 移動先のフォルダーを選択

今回は先ほど作った
フォルダーにファイル
を移動してみましょう

❶ **テストフォルダー**を
クリック

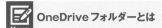
「移動・コピー」画面に出ている
「OneDriveフォルダー」とは、チーム共
有となっているTeamsのファイル領域
とは、別に社員各個人に与えられている
ストレージ領域です。
こちらはチーム共有のファイル領域とは
違い、他の社員にファイルを見せること
はできません。なお、Windowsパソコン
を購入して、「Microsoftアカウント」を
作ったときに提供される「個人向け
OneDrive」とは、全く別の領域に作成さ
れ、基本的に1TBまでの容量を保存でき
ます（契約形態により異なります）。

④▶ 移動先を確定する

❶ **移動**をクリック

ここでは例として**移動**
していますが**コピー**の
操作手順も同じです

⑤▶ ファイルが移動された

移動の場合は元のファ
イルが元の場所から消
えます

コピーの場合は元の
ファイルが元の場所に
残ります

section 26

ファイルについてチームで会話するには?

LEVEL ●●●○○

チャネルごとのファイル領域に配置したファイルを、そのままチームの会話で参照することができます。ファイルを参照すれば、チーム内でファイルの話題をするとき、何について話しているのか分かりやすくなります。ファイルの参照の仕方と、その開き方について、確認しておきましょう。

キーワード
■ チャネル
■ 添付
■ 書式

投稿にファイル領域のファイルを添付する

Memo 最近使ったアイテム

[最近使ったアイテム]メニューからは、チャネルにアップロードされている、最近開いたWordやExcelのファイルが確認できます。

▲最近使ったアイテム画面

① ファイルの添付を行う

① 添付マークのボタンをクリック

添付方法を確認するメニューが表示された

② チームとチャネルを参照する

① チームとチャネルを参照をクリック

オンラインストレージを使う

5

③▶ 添付するファイルを選択する

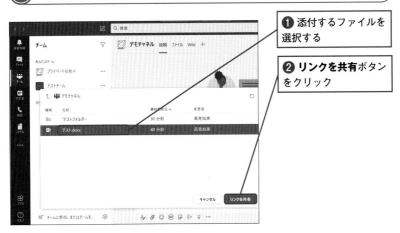

❶ 添付するファイルを
選択する

❷ **リンクを共有**ボタン
をクリック

④▶ 投稿を行う

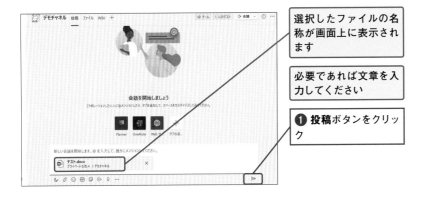

選択したファイルの名
称が画面上に表示され
ます

必要であれば文章を入
力してください

❶ **投稿**ボタンをクリッ
ク

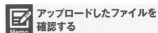
アップロードしたファイルを
確認する
Memo

ここでアップロードしたファイルは
[ファイル] タブから確認ができます。

⑤▶ 添付ファイルとともに投稿が行われた

添付されたファイルを確認する

1 ▶ 添付されたファイルを開く

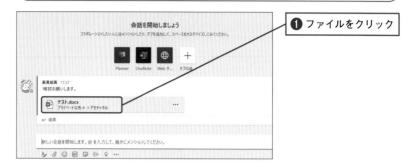

❶ ファイルをクリック

Office ファイルの場合、若干操作が異なる

Word、Excel、PowerPoint などの Office 関連ファイル以外の場合、ボタンの表記が若干異なります。表記以外の部分は同じです。

▲Office ファイル以外を開いて [会話を開始] ボタンをクリック

2 ▶ ファイルについての会話を続ける（Office ファイルの場合）

❶ **スレッド**ボタンをクリック

3 ▶ 会話に投稿を行う

❶ **返信**欄にテキストを入力

❷ **投稿**のボタンをクリック

オンラインストレージを使う

5

④ 投稿が追加された

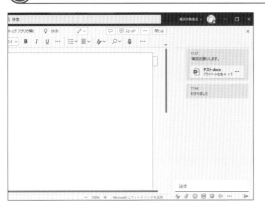

ファイルを開きながらスレッドで行った
会話は、投稿タブでも確認できます。

チームの会話に戻る

① ファイルを閉じる

❶ **閉じる**ボタンをク
リック

② 元の画面に戻った

Q&A よくある質問と回答

Q とてもよく使うファイルがあるときに便利な方法はないか？

A [上部に固定] を使うと便利です。

ファイル領域では、ファイルのオプションから [上部に固定] を行うことができます。これを行うとファイルが上部に固定表示されるため、すぐに開けるようになります。ただし、この設定は同じチャネルを閲覧できる全員に共通する設定となります。扱いには気をつけましょう。

▲ [上部に固定] メニューをクリック

▲ ファイルが上部に固定表示されるようになった

Q ファイルのアップロードやダウンロードができない

A 会社の設定で、既定の条件を満たしていない環境からはファイルのアップロードやダウンロードに制約がかかる場合があります。

Teamsには、企業側の設定で一部の環境からファイルのアップロードやダウンロードが行えないようにする設定も可能です。

アップロードやダウンロードの操作が行えないという警告が表示された場合、システム管理者にご相談ください。

Q ファイル領域にはどんなファイルがアップロードできる？

A どのようなファイルでもアップロード可能です。

ファイル領域にはどのようなファイルでもアップロード可能です。また、1ファイルのサイズ上限は2020年10月現在100GBです。

なお、上限は変更される可能性があります。詳細はMicrosoftのサイト (https://docs.microsoft.com/ja-jp/microsoftteams/limits-specifications-teams) をご覧ください。

このChapterの解説を参考にして、以下の問題に挑戦してみましょう。

問題 1 ファイルのアップロードを行う

パソコン上のファイルをファイル領域にアップロードしてみましょう。

> HINT　ファイルのアップロードは、ファイル領域画面の [アップロード] ボタンから行えます

問題 2 ファイルの作成を行う

ファイルをファイル領域に新たに作成してみましょう。

> HINT　ファイルの作成は、ファイル領域画面の [新規] メニューから行えます

問題 3 フォルダーの作成を行う

ファイル領域でフォルダーの作成を行いましょう。

> HINT　フォルダーの作成は、ファイル領域画面の [新規] メニューから行えます

問題 4 ファイルについて会話を行う

ファイルについての会話を開始しましょう。

> HINT　ファイルについての会話は、ファイルを開いてから行います

解答は次のページ

練習問題は解けましたか。以下の解答例と照らし合わせてみましょう。

 参照：section24

❶［アップロード］ボタンをクリック
❷アップロードしたいファイルを選択
❸［開く］ボタンをクリック

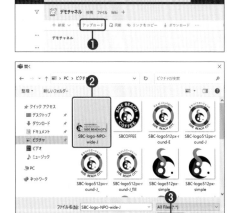

解答2 参照：section24

❶［作成したいファイルの種類］をクリック
❷次の画面で、ファイル名を入力
❸［作成］ボタンをクリック

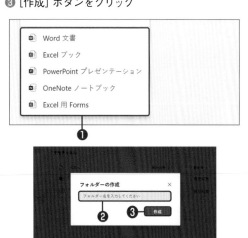

 参照：section25

❶［フォルダー］をクリック
❷次の画面で、フォルダー名を指定
❸［作成］ボタンをクリック

解答4 参照：section26

❶ファイルについて会話が行われている場合は会話が表示されています
❷［会話の開始］ボタンをクリック
❸［返信］欄にテキストを入力
❹［投稿］のボタンをクリック

Chapter

6

ファイルを共同編集する

Teamsのファイル領域に配置したファイルは、複数の社員で「共同編集を行う」ことができます。資料を編集しながら関係者でチャットを行うなど、リモートならではの作業ができるのも特徴です。共同編集の手順を学び、効率的にリモートワークを進めていきましょう。

section 27

共同編集の仕組みと見方を知ろう

LEVEL ●●●○○

Teamsの共同編集について見ていく前に、まずは共同編集とはどのようなものかを見ていきましょう。Teamsの共同編集機能を使えば、WordやExcelを同時に複数人で開いて、編集ができます。Teamsの画面上だけでなく、パソコン用のWordやExcelでも編集を行うことができます。

6
ファイルを共同編集する

共同編集とは何か

Teamsでは、複数人でひとつのファイルを「同時に開いて同時に編集する」ことができます。この機能は「共同編集」と呼ばれており、TeamsではWordやExcel、PowerPointの3種類のファイルを共同編集することができます。共同編集をするのに特別な設定を行う必要はなく、同時に複数人でファイルを開くだけで、すぐに共同編集を始めることができます。

▲ Wordの画面

▲ Excelの画面

▲ PowerPointの画面

共同編集が可能なファイルの形式

Teamsの共同編集の機能は、それぞれの環境での最新のファイル形式かつ、マクロ情報が含まれてないもののみを編集することができます。それ以外のファイル形式を開いたり、共同編集したりすることはできません。

これらはファイルの拡張子で判断することができ、拡張子がdocx、xlsx、pptxのもののみを共同編集することができます。

古いWordやExcelで作成されたdoc、xls、pptといった拡張子を持つファイルは、一度それぞれのソフトで最新の形式に変換する必要があります。

	ドキュメント	表計算	プレゼンテーション
OK	docx	xlsx	pptx
NG	docm	xlsm	pptm
	doc	xls	ppt

共同編集していることを確認する

自分が開いているOfficeファイルを他者が開くと画面に自分が見ているものとは違う色をしたキャレットが表示されます。

これは他の社員が現在どこの行を見ているか、どこのセルを見ているかということを示すものです。

どの色の枠がだれの枠なのかは画面上に表示されています。会議チャットやビデオ会議などを活用しながら、作業を進めていくと良いでしょう。

一時的に他者の編集を禁止する

一時的に他者からの編集を行えないようにするには、「チェックアウト機能」を利用します。

[チェックアウト]を行っている間は、他の人がそのファイルを編集することはできません。

編集が終わったら[チェックイン]を行うことで、また共同編集が行える状態に戻ります。

セキュリティにも気をつける

社内のファイルを外部から簡単に編集することができますので、セキュリティにも配慮が必要です。

たとえばカフェや電車など公共の場で機密資料を開いたり、機密資料についてビデオ会議で話をしたりしないように気をつける必要があります。

また背後から他人に見られていないか、背面の窓越しに情報が筒抜けになっていないかにも配慮しましょう。

Teamsのファイル共同編集機能を見てみよう

共同編集を行うには？

LEVEL ●　●　●　○　○

それではTeamsでのファイル共有の使い方を見ていきましょう。たとえば複数人でひとつの議事録を同時編集したり、複数人でひとつのExcelシートの別の箇所を同時編集したりと、Teamsの共同編集機能を使えばできることは広がります。共同編集を行うための基本機能を見ていきましょう。

共同編集を始める

①▶ 対象となるファイルを開く

共同編集できるファイルは Word、Excel、Power Pointのファイルだけです

❶ 共同編集するファイルをクリック

ここでは例としてExcelファイルを開いています

Memo Officeの共有機能と共同編集機能は別物

WordやExcel、PowerPointには以前から活用されていた［共有］の機能がありますが、共同編集機能はソフト側の共有機能とは異なるものです。そのため、以前の共有機能では実行できなかった編集操作も行えます。

②▶ 共同編集の状態を確認する

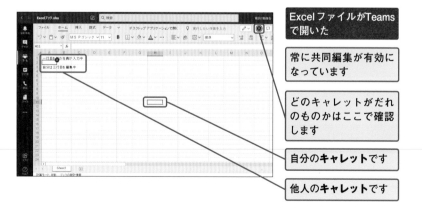

ExcelファイルがTeamsで開いた

常に共同編集が有効になっています

どのキャレットがだれのものかはここで確認します

自分の**キャレット**です

他人の**キャレット**です

1 ▶ 「編集」から「閲覧モード」に切り替える

❶ 編集ボタンをクリック
ク

モードを切り替えるメ
ニューが表示されます

閲覧モードで編集を行おうとした場合

閲覧モードで編集を行おうとすると「読み取り専用」で開かれていることを示す警告が表示されます。

2 ▶ メニューが表示された

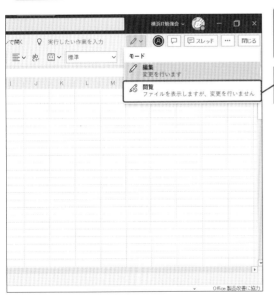

ここでは説明のためデータに変更を加えない**閲覧**を選びます

❶ **閲覧**をクリックして選択

共同編集が禁止されている場合

チームの所有者は、そのチームでの共同編集を禁止することができます。この場合、ファイルは必ず「閲覧」モードで開かれ、編集するには「チェックアウト」（section29参照）を行う必要があります。

3 ▶ 「閲覧」モードに切り替わった

表示が閲覧になった

❶ 同じ操作を行うことで**編集**モードに戻せます

section 29

一時的に共同編集できないようにしよう

共同編集を禁止するには？

LEVEL ●●●○○

キーワード
- ■ Office ファイル
- ■ 共同編集
- ■ チェックアウト

Teamsには、一時的に共同編集を禁止する「チェックアウト」という機能があります。他者に編集をさせたくないときにチェックアウトを行い、共同編集を禁止することできます。チェックアウトしたファイルは、「チェックイン」を行うことで、ふたたび共同編集可能な状態に戻せます。

6

ファイルを共同編集する

チェックアウトで共同編集を禁止する

①▶「チーム」画面を表示する

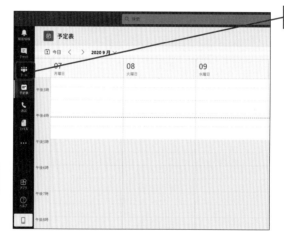

❶ チームをクリック

Hint ···はメニューの印

このメニューに限らず、リスト項目上などの···はクリックするとその項目に関するメニューが表示されることを示す印です。見つけたらクリックしてみましょう。

▦ ≡ ··· ⁝

▲クリックするとメニューが表示されるボタンの例

②▶アクションを表示する

ファイル名の行にマウスカーソルを合わせるアクションボタンが表示されます

❶ ···をクリック

④ メニューが表示された

メニュー各項目は
Memoを参照してください
さい

メニューに表示される項目

[アクション] ボタンで表示されるメニューでは下記の操作が選べます。

メニュー項目	内容
開く	選択したファイルをTeamsで開く
リンクをコピー	ファイルのリンクをコピーする
これをタブで開く	ファイルをTeamsの中でタブとして開く
ダウンロード	ファイルをパソコンにダウンロードする
削除	ファイルを削除する
上部に固定	ファイルが上部に固定されます。詳しくは5章のQ&Aを参照
名前の変更	ファイル名を変更する
SharePointで開く	ファイルをSharePointで開く
移動	ファイルを移動する
コピー	ファイルを移動する
その他	チェックアウトやチェックインをする

⑤ メニューのその他を選択する

❶ **その他**メニューを選択

⑥ その他で選べる項目が表示された

❶ **チェックアウト**をクリック

Share Pointとは

Microsoftが提供するファイル共有・共同作業用のソフトウエアです。

⑦▶ ファイルがチェックアウトされた

チェックアウトを行ったことを示すメッセージが表示された

このWordファイルは**チェックアウト**が有効となったので共同編集ができません

他の人がチェックアウトした
ファイルはどうなる？

他の人がチェックアウトしたファイルを開くと、常に閲覧専用で開かれます。
また、編集しようとすると、他の人がチェックアウトしている旨のメッセージが表示されます。

このブックは他のユーザーがチェックアウトしています　✕

❌ このブックは、現在他のユーザーが現在チェックアウトしています。
ファイルがもう一度チェックインされるまで、変更を行うことはできません。

詳細を表示

フィードバックの送信

　　　　　　　閲覧表示で作業を続ける

▲チェックアウトしているので**編集状態**にできない

⑧▶ アクションを表示する

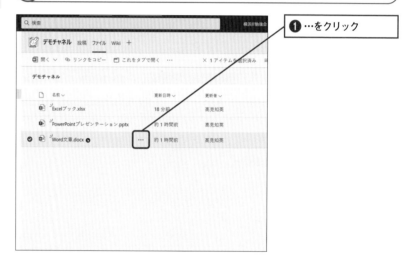

❶ …をクリック

⑨▶ その他メニューを開く

❶ その他メニューをクリック

6

ファイルを共同編集する

136

⑩ 「その他」メニューの項目が表示された

❶ **チェックイン**をク
リックして選択

チェックインを行う

① ファイルを閉じる

開いているファイルは
チェックインができませ
ん

チェックインを場合は
ファイルを必ず閉じます

❶ **閉じる**ボタンをク
リック

② コメントのウィンドウが表示された

変更点のコメントを残す
ことができます

Memo チェックイン時のコメントを確認するには

チェックイン時のコメントは、2020年10
月現在Teams上では確認できません。
Teamsの情報を管理するSharePointの
サイトを開いて、バージョン履歴を確認
する必要があります

▲ [アクションの表示] → [SharePoint
で開く] をクリックするとWebブラウザ
にSharePointのページが表示される（サ
インインを求められる場合があります）

▲ファイル名の行にマウスカーソルを重
ね表示された [アクションの表示] ボタ
ンして [バージョン履歴] をクリックす
る

▲バージョン履歴が表示された

③► チェックインが行われた

チェックイン完了が表示された

チェックアウトを破棄する

…はメニューの印

このメニューに限らず、リスト項目上などの…はクリックするとその項目に関するメニューが表示されることを示す印です。見つけたらクリックしてみましょう。

▲クリックするとメニューが表示されるボタンの例

①► アクションを表示する

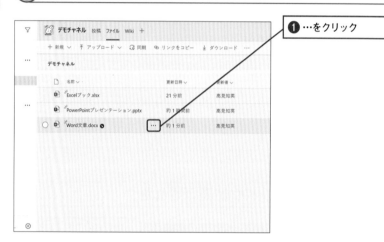

❶…をクリック

②► メニューが表示された

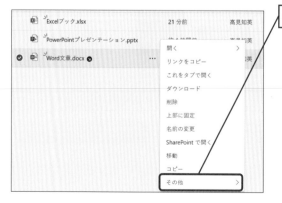

❶その他を選択

6
ファイルを共同編集する

③▶「チェックアウトの破棄」が表示された

❶ チェックアウトの破棄メニューをクリック

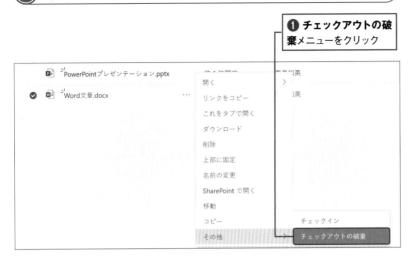

④▶確認メッセージが表示された

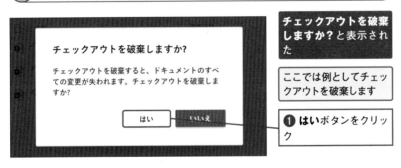

**チェックアウトを破棄
しますか?** と表示され
た

ここでは例としてチェックアウトを破棄します

❶ はいボタンをクリック

🔍 **チェックアウトを破棄すると**
Hint

「チェックアウトを破棄しますか?」で「はい」を選択してチェックアウトを破棄するとメッセージに示された通りチェックアウト以降の変更はすべて破棄されます。

⑤▶チェックアウトが破棄された

Q&A よくある質問と回答

Q 共同作業中の他メンバーとのやりとりはどうすれば良い?

A ビデオ会議やテキストチャットを活用しましょう。必要に応じてWordやExcelのコメント機能も活用しましょう。

共同編集中は、[スレッド]のボタンより、チャネル上のそのファイルに関する会話を開始することができます(すでに会話が行われている場合は、その会話を開きます)。共同編集中のやりとりにはスレッドや、WordやExcelにあるコメント機能を活用すると良いでしょう。

今月の製品企画
2020年9月

コメントボタンです　　**スレッドボタンです**

Q だれかがファイルをチェックアウトしている。だれがチェックアウトしているのかを知るには?

A チェックアウトを示すアイコンの上に合わせると、だれがチェックアウトしているのかが分かります。

チェックアウトを示すアイコンの上に合わせると、

Q 古いExcelやWordのファイルで共同編集を行うには?

A 一度デスクトップ版のWordやExcelなどでファイルを開き、最新のデータ形式に変換を行う必要があります。

古い形式(拡張子がdoc、xls、ppt)は、一度デスクトップ版のWordやExcelなどで開き、最新のファイル形式(拡張子がdocx、xlsx、pptx)に変換する必要があります。なお、最新のファイル形式でも「マクロを含むファイル」(拡張子がdocm、xlsm、pptm)は、一度ファイルを開いてマクロを含まないファイル形式に変換する必要があります。マクロを削除しただけでは共同編集はできません。

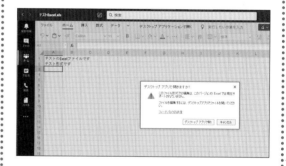

チェックアウトしている人の名前が表示されます。担当者が不在の場合など、チェックアウトをただちに破棄したい場合は、管理者に連絡をしてください。

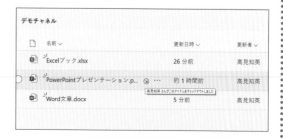

チェックアウトしている人の名前です

問題 1 　共同編集を行う

2人で同じExcelファイルを開き、1人は1行目、もう1人は3行目に文字を入力してみましょう。

HINT　Teamsでは、システム管理者によって制約されていない場合、同時にファイルを開けばすぐに共同編集を行うことができます。

問題 2 　チェックアウトを行う

ファイルのチェックアウトを行い、他の社員がファイルを変更できない状態にしましょう。

HINT　チェックアウトはファイルのアクションから行えます。

問題 3 　閲覧モードの切り替えを行う

ファイルを閲覧モードに切り替えてみましょう。

HINT　閲覧モードはOfficeファイル編集画面上部から切り替えできます

問題 4 　チェックインを行う

ファイルのチェックインを行い、ふたたび他の社員がファイルを変更できる状態にしましょう。

HINT　チェックインはファイルのアクションから行えます。

解答は次のページ

練習問題は解けましたか。以下の解答例と照らし合わせてみましょう。

解答1　参照section28

❶1人目は1行目に文字を入力
❷2人目は3行目に文字を入力

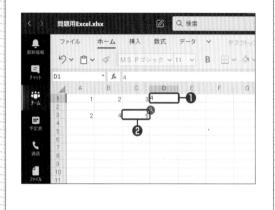

解答2　参照：section29

❶［アクションの表示］をクリック
❷［その他］メニューを選択
❸［チェックアウト］メニューをクリック

解答3　参照：section28

❶［編集］ボタンをクリック
❷［閲覧］ボタンをクリック

解答4　参照：section29

❶［アクションの表示］をクリック
❷［その他］メニューを選択
❸［チェックイン］メニューをクリック

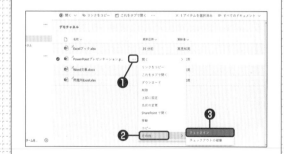

変化していくTeamsに対応する

Teamsでは常に多くの機能が変化しています。特にビデオ会議の機能については毎月多くの機能が盛り込まれており、操作方法が変わったり、新しいボタンが増えたりといったことも珍しくありません。どのようにすれば変化していくTeamsに対応できるのか、そのための手段をいくつか見ていきましょう。

section

30

キーワード
- Microsoft Teams
- バージョン
- 更新履歴

Teamsのバージョンを確認しよう

Teamsのバージョン番号を確認するには?

LEVEL ●━●━○━○━○

Teamsに限らず、多くのソフトはバージョン番号という数字によってバージョンが表されています。このバージョン番号を見れば、現在パソコン上で動いているソフトがいつ作られたものか、最新のものなのかを確認することができます。トラブルに遭遇したときや新機能の情報を得たときは、まずこのバージョンに関する情報を確認してみましょう。

バージョン番号を確認する

その他のユーザーアイコンメニュー
Hint

ユーザーアイコンをクリックすると表示されるメニューでは、自分が組織内の他のメンバーにどのように見えるか、投稿に応答できる状態であるかどうかを示すマークなどの設定が行えます。
Teamsの利用に慣れてきたら使ってみましょう。

① 「ユーザー」メニューを表示する

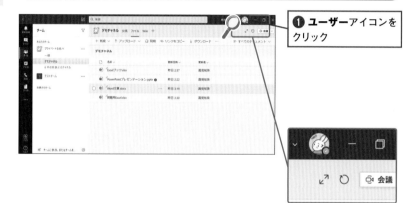

❶ **ユーザー**アイコンをクリック

② メニューが表示された

❶ **情報**にマウスを合わせる

情報のサブメニューが表示された

サブメニューが表示されない場合は**情報**をクリックしてください

7

変化していくTeamsに対応する

③ サブメニューが表示された

サブメニューにはいくつかの項目が表示されます

❶ **バージョン**をクリック

その他の情報サブメニュー項目

情報サブメニューのその他の項目をクリックすると、Teamsの利用に関する法的情報や、アプリケーション自体のライセンス情報を表示できます。

④ バージョン番号と更新日が表示された

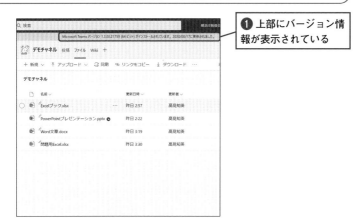

❶ 上部にバージョン情報が表示されている

更新履歴を確認する

① ヘルプメニューを開く

❶ **ヘルプ**ボタンをクリック

ヘルプを開く

デスクトップ版
[F1] キー
ブラウザ版
[Ctrl] + [F1] キー

145

② ▶ 新着情報を開く

❶ **新着情報**メニューを
クリック

③ ▶ 新着情報が表示された

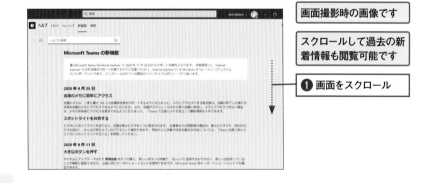

画面撮影時の画像です

スクロールして過去の新
着情報も閲覧可能です

❶ 画面をスクロール

Memo
トレーニングも確認しよう

トレーニングのページには、Teamsの機
能の使い方に関する情報が掲載されて
います。ビデオで使い方が表示されてい
る部分もあるので、見てみるとよいで
しょう。

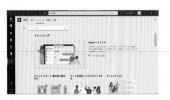

▲縦にスクロールして、その他の情報を
確認して [トレーニング] タブをクリッ
ク

④ ▶ 過去の情報が表示された

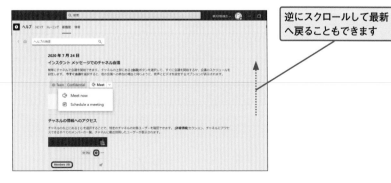

逆にスクロールして最新
へ戻ることもできます

7

変化していくTeamsに対応する

① ヘルプを使うには

❶ **ヘルプ**ボタンをクリック

🔍 **Hint** | **Microsoft Teamsの最新情報を手に入れる**

「Office Japanブログ」で紹介されています。動画もあり実際の使い方を確認できるものもあります。Teams内のトピックだけでは分からない内容があれば、見てみるのもよいでしょう。今後の機能についての紹介記事もあるため、今後の対策にも役立ちます。

▲ https://blogs.windows.com/japan/ をWebブラウザで開き、「Microsoft 365」カテゴリを開く

▲ Microsoft 365のカテゴリが表示された

② メニューが表示された

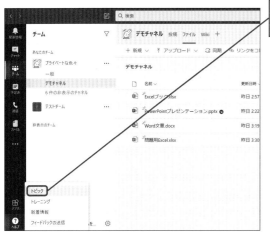

❶ メニューの**トピック**をクリック

③ トピックが表示された

最新機能の使い方はここに表示される

それ以前に追加された機能はスクロールして確認できます

Teamsのアプリケーションを最新版に更新しよう

Teamsのアップデートをするには?

LEVEL ●─○─○─○─○

自分が使用しているMicrosoft Teamsのバージョンが古いことが分かったときは、アップデートを行いましょう。Teamsのアップデートは、メニューから簡単に行うことができます。

アップデートを行う

> **アップデートは基本的には自動で行われる**
>
> アップデートは基本的には自動で行われます。
> ただし、新しいバージョンが公開された当日すぐに更新されるとは限らないため、すぐに新しいバージョンを使用したい場合は、アップデートの確認を行ってみましょう。

① ユーザーメニューを表示する

① ユーザーアイコンをクリック

② アップデートの確認を行う

① アップデートの確認
メニューをクリック

③ 更新処理が開始された

更新には1〜2分程度か
かる場合があります

Memo 更新がなかった場合

特に更新がなかった場合、画面上部に
メッセージが表示されます。

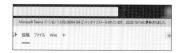

メッセージは右側の［×］ボタンで閉じ
ることができますが、閉じると再度
「アップデートを確認」をクリックしても
表示されません。
再表示をしたときはメニューの「情報」
→「バージョン」を選択します。

④ 更新の準備が整った

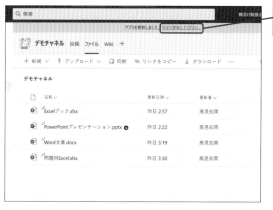

❶ 今すぐ更新してくだ
さいをクリック

Teamsのアプリが再起
動する

⑤ 更新処理が完了した

❶ 更新日が本日になっ
ていることを確認する

149

Q&A よくある質問と回答

Q 回りの利用者や他社のTeams利用者と見た目や操作方法が異なる

A Teamsはさまざまな組織に段階的に適用されています。タイミングによっては他組織と画面が異なる場合があります。

Teamsの新機能は、瞬時にすべての組織で使えるようになるわけではなく、Teamsを使っている沢山の組織の一部から徐々に適用されていきます。

このため、新機能が公開されてからしばらくの間は、組織ごとに新しいバージョンの機能が使える組織と、使えない組織が発生する場合があります。

基本的には同一の組織では常に同じバージョンが実行されていますので、複数の組織で活動したり、他の組織の人と共同作業をする人は気をつけましょう。

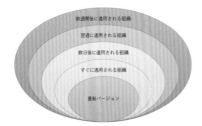

Q 他の組織での活用事例を知りたい

A [Teams やりたいこと]で検索したり、ユーザーコミュニティのイベントに参加してみましょう。

Teamsを使用する組織の中には、インターネッ

Q 他の頻繁に使うサービスとTeamsを連携したい

A アプリに該当するアプリがないか探してみましょう

アプリを使うと、組織で使う他のインターネットサービスと連携することができます。

組織内部でよく使うインターネットサービスがある場合、該当するアプリがないか、アプリの一覧を探してみましょう。

▲Flow(Microsoft Power Automate)用アプリを使用した例

ト上に活用事例を発信している組織もあります。検索サイトで「Teams やりたいこと」を検索したり、ユーザーコミュニティのイベントに参加してみるとよいでしょう。

▲ Office 365 Users Group(http://jpo365ug.com/)

スマートフォンから
Teamsを使う

Teamsはスマートフォンからも使用することができます。Teamsのアプリはandroid用およびiPhone/iPad用に提供されており、機能制限はあるもののTeamsの様々な機能を利用することができます。それでは、スマートフォン版のTeamsの操作方法を見ていきましょう。

section 32

スマートフォンでTeamsを使うには?

LEVEL ●●○○○

キーワード
- ☐ Android
- ☐ iPhone
- ☐ Officeアカウント

まずはスマートフォン用のTeamsアプリを使ってみましょう。スマートフォン用のTeamsアプリでも、「Officeアカウント」を使えばTeamsの機能が利用できます。アプリストアからTeamsのアプリをダウンロードし、使用してみましょう。

Teamsアプリをダウンロードしよう

🔍 Playストアのアイコン
Hint

Playストアのアイコンは、ホーム画面をカスタマイズしていない場合は必ずホーム画面の最初のページにあります。

① ▶ スマートフォンでアプリストアを開く

ここでは例としてAndroid系スマートフォンを使用しています

❶ **Playストア**(Androidの場合)をタップ

iPhoneの場合は**App Store**をタップしてください

② ▶ アプリの検索を行う

❶ **アプリ名の検索**をタップ

8

スマートフォンからTeamsを使う

③ 「検索」画面が表示された

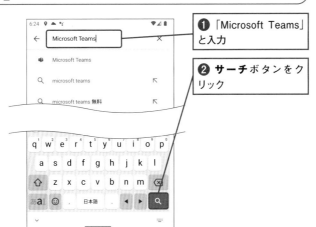

❶ 「Microsoft Teams」と入力

❷ **サーチ**ボタンをクリック

Memo　Teamsアプリが出てこない

検索してもMicrosoft Teamsのアプリが出てこない場合は、スマートフォンがMicrosoft Teamsに対応していない場合があります。

Teamsアプリの動作要件についての詳細は「Microsoft Teams のクライアントを取得する Microsoft Teams | Microsoft Docs」サイトをご確認ください。

【https://docs.microsoft.com/ja-jp/microsoftteams/get-clients#mobile-clients】

④ 候補が表示された

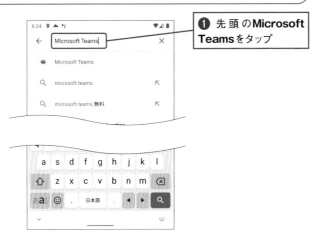

❶ 先頭の**Microsoft Teams**をタップ

Hint　iOSの画面

iPhoneの「AppStore」からTeamsで検索して画面です。

▲ AppStoreでの検索画面

⑤ Microsoft Teamsのアプリページを選択する

❶ **Microsoft Teams**をタップ

Hint　iPhoneは［入手］を選択する

iPhoneでは表示された画面で［入手］を選択します。

▲［入手］をタップ

Memo ホーム画面からPlayストアを
起動する

ホーム画面からPlayストアを起動する
場合、Microsoft Teamsのアイコンを
タップします。

④ ▶ Microsoft Teamsをダウンロードする

❶ インストールボタン
をタップ

ダウンロードが開始され
ます

⑤ ▶ ダウンロードが完了した

❶ 開くボタンをタップ

⑥ ▶ Microsoft Teams が起動した

スマートフォン版Microsoft
Teamsの画面です

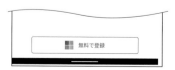

8

スマートフォンからTeamsを使う

154

1 Office アカウントを入力する

1 **メールアドレス、電話番号**にOfficeアカウントのメールアドレスを入力

2 Office アカウントのパスワードを入力する

1 **パスワード**にパスワードを入力

2 **サインイン**ボタンをタップ

3 二段階認証に応答する

この画面が表示された後に指定している電話に電話がかかってきます

Memo 既にMicrosoftのアプリをインストール済みの場合

既に他のMicrosoft製アプリをインストール済みの場合、それらで使用済みのOfficeアカウントから使用するアカウントを選択できる場合があります。その場合、以降のパスワード入力などの処理はスキップされます。

▲アカウントの選択画面でアカウントをタップする

Hint iPhoneのサインイン画面

iPhoneでも操作は変わりません。

▲Officeアカウントのメールアドレスを入力します

155

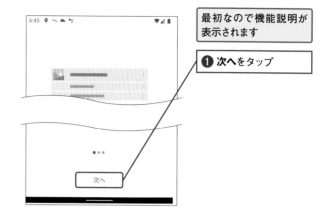

Hint 使用方法の画面

新しい組織にサインインした場合など、この画面がもう一度表示される場合があります。

基本的に操作方法は変わりません。画面下に表示される青い点が右端に移動するまで、[次へ]をタップします

④ 使用方法の説明を確認する

最初なので機能説明が表示されます

❶ 次へをタップ

⑤ 使用方法の続きの説明を確認する

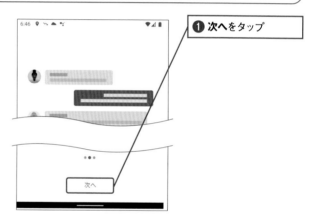

❶ 次へをタップ

⑥ 最後の説明が表示された

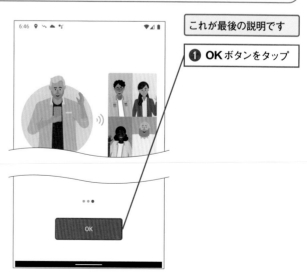

これが最後の説明です

❶ OKボタンをタップ

⑦ アプリの起動が完了した

> チャットの画面が表示されました

アプリの画面構成を確認する

① [チャット] タブ画面の項目

> **ナビゲーションメニュー**でアプリの通知変更や設定変更を行うことができます

> タブに直接投稿する操作がある場合**アクションボタン**より投稿を行います

> **検索**ボタンで組織内の情報を検索できます

> **タブ**で機能を切り替えることができます

> ❶ **チーム**タブをタップ

② [チーム] タブに切り替わった

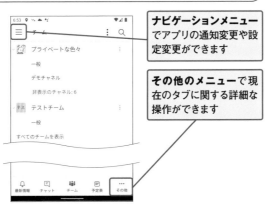

> **ナビゲーションメニュー**でアプリの通知変更や設定変更ができます

> **その他のメニュー**で現在のタブに関する詳細な操作ができます

📝 Memo　ダークテーマ

スマートフォンの設定によっては白黒が反転したダークテーマで表示される場合があります。
以降はダークテーマを有効にしていない状態で説明を続けます。

▲ダークテーマ

section 33

チャネルに投稿するには?

LEVEL ●━●━●━○━○

キーワード
- チャネル
- 投稿
- 書式

スマートフォンからチャネルに投稿を行いましょう。パソコンと同じように Teams に投稿することができます。ただし、入力できる書式に若干の制限があるので、「制限の内容」と「できること」を確認しておきましょう。

スマートフォンから投稿する

🔍 Hint チームに参加する場合

スマートフォン版のTeamsからでも、別のチームに参加することは可能です。その場合、画面上部の[その他の機能メニュー]からチームへの参加や作成が行えます。

▲[その他の機能メニュー]をタップ

▲チームの管理メニューが表示された

① チャネルを開く

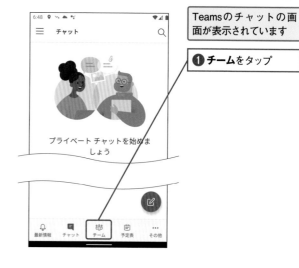

Teamsのチャットの画面が表示されています

❶ **チーム**をタップ

② チャネルが開いた

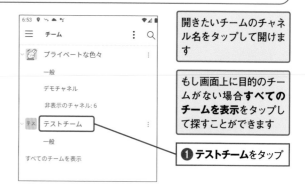

開きたいチームのチャネル名をタップして開けます

もし画面上に目的のチームがない場合**すべてのチームを表示**をタップして探すことができます

❶ **テストチーム**をタップ

③ ▶ 投稿画面を表示する

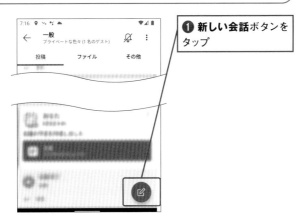

❶ 新しい会話ボタンを
タップ

④ ▶ 投稿を開始する

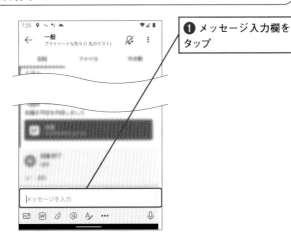

❶ メッセージ入力欄を
タップ

⑤ ▶ キーボード画面が追加表示された

❶ キーボードより「ス
マートフォンからの入
力」と入力

iPhone の投稿画面

iPhone の投稿画面

現在のiPhoneでは、Android系のスマー
トフォンとは見え方が違いますが、機能
や動作に違いはありません。

▲ Android系に比べると［新しい会話］
ボタンが目立たないので注意してくださ
い

表示されるキーボードの状態

表示されるキーボードの状態は、スマー
トフォンの機種ごとに異なります。

スマートフォンでの投稿に書式を設定する

スマートフォンからの投稿にも書式を設定することができます。2020年10月現在のスマートフォン版Teamsアプリでは、使用できる投稿に一部制限があります。具体的には、箇条書きやリンク設定、引用文の指定などの機能は使えず、太字や斜体、下線の指定、投稿重要度の指定のみが可能です。

▲①メッセージの書式設定ボタンをタップ
②下部に表示されるボタンより書式設定が可能
③投稿後は［メッセージを送信］ボタンをタップして投稿

⑥ メッセージを確定しよう

❶ 入力が終わったらキーボードの**確定**ボタンをタップ

⑦ メッセージが投稿された

既にある投稿に返信する

① 返信する投稿を選択する

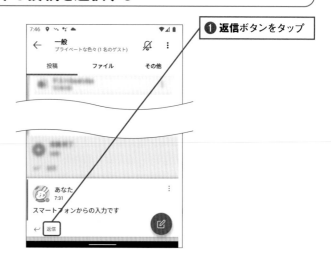

❶ **返信**ボタンをタップ

②▶ 返信を入力する

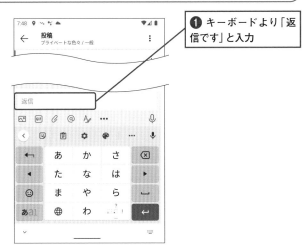

❶ キーボードより「返信です」と入力

33

iPhoneの投稿画面

Android系のスマートフォンと大きな違いはありません。入力部分はスマートフォンの設定で変わりますので、iPhoneでも異なります。

▲キーボードの設定はいつも使っている設定が便利です

③▶ 返信を投稿する

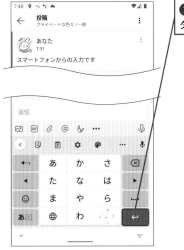

❶ キーボードの**確定**ボタンをタップ

画面左上の戻るボタン

iPhoneでは一般的ですが、Microsoft Teamsにも多くの画面の左上に左向きの矢印ボタンが表示されています。
このボタンが表示されている場合は、ボタンをタップすることで前の画面に戻ることができます。

④▶ 返信が投稿された

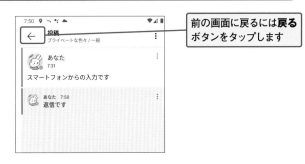

前の画面に戻るには**戻る**ボタンをタップします

写真やファイルを添付するには?

スマートフォンからTeamsに、写真やファイルをアップロードすることも可能です。アップロードされたファイルは、パソコンでアップロードされたものと同様に閲覧することができます。スマートフォンからの写真やファイルの送信方法について見てみましょう。

写真を添付する

添付可能な写真
Hint

ここではスマートフォンで撮影した写真や、ダウンロードした画像がすべて使用可能です。
ただし、スマートフォンの機種によっては、撮影した直後の写真や、他のアプリによって取り込んだ写真がすぐに表示されない場合があります。
その場合はファイルの添付ボタンより、ファイルを探してみましょう。

① 投稿画面を表示する

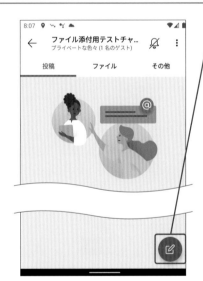

❶ 新しい会話ボタンをタップ

② 画像添付の画面を開く

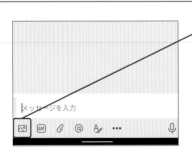

❶ 画像またはビデオを挿入ボタンをタップ

③ メディアアクセスへの許可を行う

この画面はTeamsではじめてファイルを添付するときに表示されます

❶ **許可**をタップ

システム通知はスマートフォンのOSによる表示です。そのためスマートフォンのOSやバージョンによって表示スタイルが異なります。見た目は異なりますが、表示される内容と選択肢は同じです。

④ アップロードの方法を選択する

直近にスマートフォンで撮影した写真を投稿するときにタップします

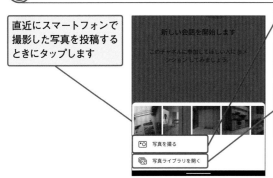

❶ **写真を撮る**をタップ

撮影してアップロードするときにタップします

撮影済みの写真をアップロードするときにタップします

⑤ 写真の撮影許可を行う

今回のみ許可する場合は**今回のみ**をタップします

今回のみを選択したときはアプリを再起動した際にはメッセージがまた表示されます

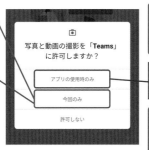

はじめてTeamsで写真を撮影するときに表示されます

❶ **アプリの使用時のみ**をタップ

常に許可する場合は**アプリの使用時のみ**をタップします

システム通知が表示された

はじめてスマートフォンのTeamsで写真を撮影するときは、システム通知が表示されます。

システム通知

はじめてスマートフォンのTeamsで録音するときは、システム通知が表示されます。なお、システム通知で「今回のみ」を選択した場合は、アプリを再起動した際にはメッセージがまた表示されます。

6 ▶ 音声の録音許可を行う

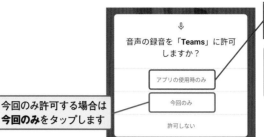

❶ **アプリ使用時のみ**をタップ

常に許可する場合は**アプリ使用時のみ**タップします

今回のみ許可する場合は**今回のみ**をタップします

7 ▶ スマートフォンのカメラが起動した

カメラ画面の違い

スマートフォンのカメラ機能（カメラ画面）は、スマートフォン独自の機能です。そのためスマートフォンのOSやバージョンによって表示スタイルが異なります。見た目は異なりますが、機能は同じです。

動画または写真を撮影できます

❶ ここでは**写真**を選択

❷ **撮影ボタン**をタップ

8 ▶ 撮影結果を確認する

❶ **完了**をタップ

8

スマートフォンからTeamsを使う

⑨ メッセージに写真が添付された

メッセージを入力できる
ので必要なら入力しま
しょう

❶ **メッセージを送信**ボ
タンをタップ

ステップ9の画面では、投稿前に写真の
説明を入力することが可能です。もちろ
ん書式を使用することもできます。
写真の内容だけだと何を伝えたいのかが
分かりにくい場合があります。なるべく
なんらかの説明を入れてから投稿すると
良いでしょう。

⑩ メッセージが投稿された

ファイルを添付する

① 投稿画面を表示する

❶ **新しい会話**ボタンを
タップ

Memo カメラ画面の違い

スマートフォンのカメラ機能（カメラ画面）は、スマートフォン独自の機能です。そのためスマートフォンのOSやバージョンによって表示スタイルが異なります。見た目は異なりますが、機能は同じです。

② ▶ ファイルを挿入の画面を開く

❶ **ファイルを挿入**ボタンをタップ

③ ▶ ファイルを選択する

ここ例では OneDrive のファイルが表示されています

❶ **拡大表示**ボタンをタップ

⑤ ▶ ファイルが追加された

メッセージを入力できるので必要なら入力しましょう

❶ **投稿**ボタンをタップ

34

⑥ メッセージが投稿された

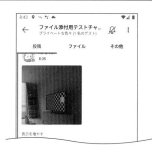

アップロードされた写真やファイルを開く

① 写真またはファイルを開く

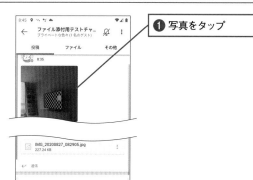

❶ 写真をタップ

Hint 画像をスマートフォンに保存したい

画像をスマートフォンに保存するには、画像を長押しして、表示されるメニューから [画像を保存] をタップします。

▲画像を保存

② 写真が全画面で表示された

❶ 前の画面に戻るには戻るボタンをタップ

スマートフォンからTeams共有フォルダーを見よう

Teams共有フォルダーを
閲覧するには?

LEVEL ●━●━●━○━○

スマートフォンからでも、Teamsにアップロードされたファイルを一覧できます。アップロードもできるほか、スマートフォン向けのOfficeアプリがインストールされていれば、編集も可能です。なお、ファイルのチェックアウトなど一部の機能は利用できませんのでご注意ください。

共有ファイルフォルダを見る

 スマートフォンから使える機能

スマートフォンから共有ファイルフォルダを開いてできるのは、以下の項目のみとなります。他はパソコンでの操作が必要になります(2020年10月現在)。

・フォルダーの作成
・ファイルのアップロード
・ファイルを開く
・ファイルをアプリで開く(Officeファイルのみ)
・ファイルをスマートフォンにダウンロード
・ファイルをスマートフォンの他のアプリで共有

① ▶ **ファイルタブを開く**

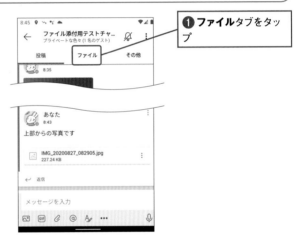

❶ **ファイル**タブをタップ

② ▶ **ファイル一覧が表示された**

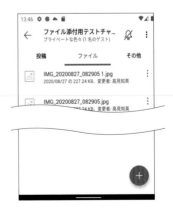

ファイルをアップロードする

① 追加ボタンをタップ

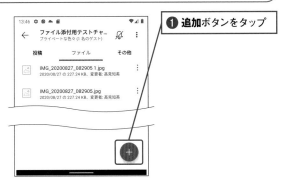

❶ **追加**ボタンをタップ

 iPhoneの［追加］ボタン

Android系のスマートフォンと違い、iPhoneの［追加］ボタンは画面下部にあります。

▲iPhoneの画面では［＋追加］ボタンと表示されます

② アップロードボタンをタップ

❶ **アップロード**ボタンをタップ

③ アップロードするファイルを選択

ファイルの選択画面はスマートフォンにインストールされたアプリによって異なります

 アップロードできるファイル

この機能では、スマートフォンに保存されているすべてのファイルがアップロード可能です。ファイルサイズの制限はパソコンからファイルをアップロードする際と同様です（5章末参照）。
スマートフォンにアプリがインストールされていれば、その他の各種オンラインストレージからのファイルアップロードも可能です。

④ ▶ ファイルがアップロードされた

ファイルを開く

画面左上の戻るボタン

iPhoneでは一般的ですが、Microsoft Teamsにも多くの画面の左上に左向きの矢印ボタンが表示されています。
このボタンが表示されている場合は、ボタンをタップすることで前の画面に戻ることができます。

① ▶ ファイルを開く

❶ 開きたいファイルをタップ

② ▶ ファイルが表示された

❶ 前の画面に戻るには**戻る**ボタンをタップ

① Wordファイルをタップする

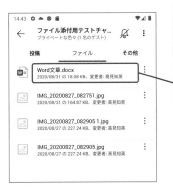

スマートフォンから
Wordファイルは作成で
きません

❶ 開きたいファイルを
タップ

新規作成はできない
Onepoint

スマートフォンではWordファイルの新
規作成ができないので、事前にパソコン
のWordなどで作成されたWordファイ
ルを編集することになります。

② Wordファイルが表示された

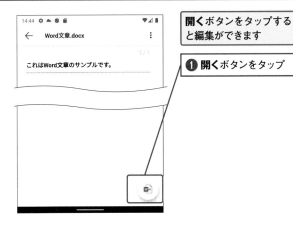

開くボタンをタップする
と編集ができます

❶ 開くボタンをタップ

スマートフォン用のOfficeアプ
Hint リ

ファイルの編集を行う場合は、事前にス
マートフォン用のアプリインストールが
必要です。それぞれのアプリはストアを
検索するとインストールできます。

③ ファイルが開いた

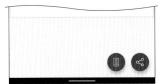

Wordファイルの編集が
できます

section 36 ビデオ会議に参加するには?

LEVEL ●●●○○

スマートフォンからビデオ会議に参加できます。スマートフォンには前面と背面にカメラがついていますが、Teamsでも両方のカメラを切り替えて利用することが可能です。なお、2020年10月現在のスマートフォン向けTeamsアプリでは、今すぐ会議を開始することができません。

キーワード
- ビデオ会議
- カメラ
- 予定表

ビデオ会議に参加する

 Memo まだ会議が開催されていない場合

該当の会議がまだ開催されていない場合は、予定表の会議一覧から会議に参加することが可能です。

▲① [予定表] タブをタップ
② [参加] ボタンをタップ

① ビデオ会議が行われているチャネルを開く

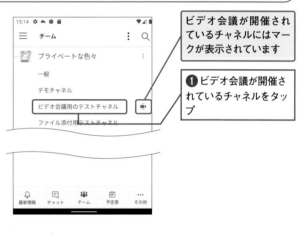

ビデオ会議が開催されているチャネルにはマークが表示されています

❶ ビデオ会議が開催されているチャネルをタップ

② ビデオ会議に参加する

❶ **参加** ボタンをタップ

③ ▶ 録音を許可する

はじめてTeamsで写真を撮影するときに表示されます

❶ 常に許可する場合はタップ

今回のみ許可する場合はタップ（アプリを再起動した際メッセージが表示される）します

システム通知はスマートフォンのOSによる表示です。そのためスマートフォンのOSやバージョンによって表示スタイルが異なります。見た目は異なりますが、表示される内容と選択肢は同じです。

④ ▶ 会議に参加する

❶ スマートフォンのカメラを使って自分の映像を表示するかどうかを選択

❷ スマートフォンのマイクを使って音声を発信するかどうかを選択

❸ 準備が整ったら**今すぐ会議**をタップ

⑤ ▶ 会議が開始された

会議から退出する

**🔍 スマートフォンでのビデオ会議
Hint 参加でできること**

スマートフォンでビデオ会議に参加する
場合、挙手やテキストによる連絡、レ
コーディングの開始と停止など、できる
ことは制限されています。
画面上にない機能を呼び出す場合、会議
画面上の [⋯] ボタンをタップします。

▲その他のメニュー

① 会議から退出するには

❶ **電話を切る**ボタンを
タップ

② 元の画面に戻った

会議の予定を追加する

① 予定表タブを開く

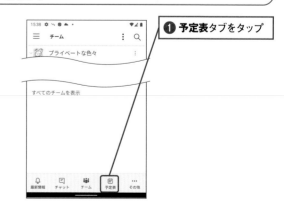

❶ **予定表**タブをタップ

②▶ 予定の追加を行う

❶ 会議を設定ボタンを
タップ

🔍 スマートフォンで作成した会議
Hint に参加できない?

36

スマートフォンで直前に会議を予定した
場合、参加可能な会議の予定が参加でき
ないなどの問題が発生する場合がありま
す(2020年10月現在)。
なるべく会議の予定はパソコンで作成
し、急な変更のみをスマートフォンで行
うようにすると良いでしょう。

③▶ 会議の内容を入力する

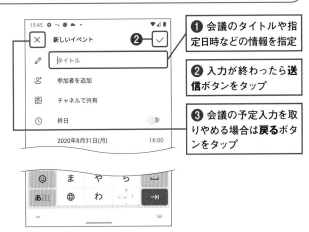

❶ 会議のタイトルや指
定日時などの情報を指定

❷ 入力が終わったら**送
信**ボタンをタップ

❸ 会議の予定入力を取
りやめる場合は**戻る**ボタ
ンをタップ

④▶ 会議が追加された

175

Q パソコン版で使っている機能がスマートフォン版にないときは？

A 画面上にない機能は、スマートフォンからは現在利用できないと考えておくとよいでしょう。

パソコン版で利用できて、スマートフォン版で利用できない機能は数多くあります。一覧表と言えるようなものは特にないため、ボタンまたはその他の機能メニューにない場合は、その機能はないと思った方がよいでしょう。

ただし、今後のバージョンアップにより機能が追加される場合もあります。英語ですが、UserVoiceのサイトでフィードバックが受付されているため参考にしてもよいでしょう。

▲詳細は「Microsoft Teams UserVoice」サイトをご確認ください。
【http://aka.ms/teamsfeedback】

Q スマートフォンへの通知を制限するには？

A ナビゲーションメニューの通知から通知の種類を設定できます。

ナビゲーションメニューより、スマートフォンアプリが受け取る通知の種類を変更できます。また、パソコンでTeamsを使っているときは通知を受け取らないという設定も可能です。

Q サポートされているスマートフォンのOSは？

A Androidの場合、最新の4バージョン。iPhoneの場合最新の2バージョンです。

サポートされているOSのバージョンは、スマートフォンのOSの種類により異なります。

Androidの場合、最新の4バージョン（最新バージョンおよび、それ以前の3バージョン）、iPhoneの場合、最新とその1つ前のメジャーバージョンとなります。

例えば、2020年10月現在ではAndroidの最新バージョンは「11」のため、「10」、「9」、「8」までが対象です。iPhoneのバージョンは「13」のため「12」までがサポート対象となります。

詳細は「Microsoft Teams のクライアントを取得する Microsoft Teams | Microsoft Docs」サイトをご確認ください。

【https://docs.microsoft.com/ja-jp/microsoftteams/get-clients#mobile-clients】

練習問題　この章の解説を参考にして、以下の問題に挑戦してみましょう。

問題 1　スマートフォンから投稿する

スマートフォンから「テスト」と投稿してみましょう。

HINT　スマートフォンのアプリでは、画面右下にあるボタンをタップすることで、新規項目を追加可能です。

問題 3　ファイルフォルダの写真を開く

スマートフォンからファイルフォルダの写真を表示してみましょう。

HINT　ファイルフォルダは、ファイルタブより閲覧可能です。

問題 2　スマートフォンから写真を投稿する

スマートフォンから写真を投稿してみましょう。

HINT　画像の添付は [画像またはビデオを挿入] ボタンより行います。

問題 4　ビデオ会議に参加する

スマートフォンからすでに開催されているビデオ会議に参加してみましょう。

HINT　ビデオ会議が開催されているチャネルにはマークが表示されています

解答は次のページ

練習問題は解けましたか。以下の解答例と照らし合わせてみましょう。

解答1　参照：section33

❶チーム一覧より一般チャネルを開く
❷［新しい会話］ボタンをタップ
❸メッセージ入力欄をタップ
❹キーボードよりメッセージを入力
❺入力が終わったら、キーボードの確定ボタンをタップ

解答3　参照：section35

❶［ファイル］タブをタップ
❷開きたいファイルをタップする

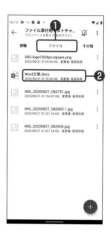

解答2　参照：section34

❶［画像またはビデオを挿入］ボタンをタップ
❷添付したい写真を選択
❸必要ならメッセージを入力
❹メッセージを入力し終わったら、［メッセージを送信］ボタンをタップ

解答4　参照：section36

❶ビデオ会議が開催されているチャネルをタップ
❷［参加］ボタンをタップ
❸次の画面で準備が整ったら、［今すぐ会議］をタップ

手順項目索引

本書で解説している操作手順の一覧を用意しました。
目次には掲載していないコラムエリアの解説も網羅しています。

索　引

■著者

高見知英（たかみ　ちえ）

フリーランスプログラマ。
プログラミングの他、プログラミングやPC・スマート
フォンの入門者向け講習・書籍製作を行う。
また、NPO法人　まちづくりエージェント SIDE
BEACH CITY.理事として、横浜市内でITの知識をより
多くの人に知ってもらうための活動を実施している。

■DTP

伊東香織／ITO DESIGN WORKS

https://itodesignworks.com/

はじめての Microsoft 365 Teams

発行日	2020年11月20日	第1版第1刷

著 者　高見　知英

発行者　斉藤　和邦
発行所　株式会社　秀和システム
　　　　〒135-0016
　　　　東京都江東区東陽2-4-2　新宮ビル2F
　　　　Tel 03-6264-3105（販売）Fax 03-6264-3094
印刷所　図書印刷株式会社　　　　　　　Printed in Japan

ISBN978-4-7980-6285-3 C3055

定価はカバーに表示してあります。
乱丁本・落丁本はお取りかえいたします。
本書に関するご質問については、ご質問の内容と住所、氏名、
電話番号を明記のうえ、当社編集部宛FAXまたは書面にてお送
りください。お電話によるご質問は受け付けておりませんので
あらかじめご了承ください。